불안의 시간을 건너는
너를 지키는 말

불안의 시간을 건너는 너를 지키는 말

마음이 단단한 아이로 자라게 하는 43가지 부모의 대화 습관

초판 1쇄 발행 2026년 2월 9일
초판 2쇄 발행 2026년 3월 9일
저자 스즈키 하야토
역자 이선주
교정·교열 장선경
출판사 퍼스트페이지
디자인편집 박정호
전자우편 boyeb@naver.com

ISBN 979-11-993400-5-3 (03590)

* 책값은 뒤표지에 적혀 있습니다.

* 본서의 내용을 무단 복제하는 것은 저작권법에 의해 금지되어 있습니다.

불안의 시간을 건너는 너를 지키는 말

스즈키 하야토 지음
이선주 옮김

퍼스트페이지

요즘 아이가 무언가를 시작하기도 전에
"너무 어려워요."
"난 못하겠어요."
라며 먼저 포기하는 모습을 보신 적이 있으신가요?

아이가 스스로 한계를 정하고 물러설 때, 부모의 마음은 답답해지기 마련입니다. 한 번이라도 시도해 보고 포기했으면 좋겠는데, 처음부터 '안 된다.'며 주저앉는 모습을 보면 무슨 말을 어떻게 해야 할지 막막해지지요. 사실 이런 고민을 안고 있는 부모는 생각보다 많습니다. 하지만 해결할 방법은 있습니다. 그것도 복잡하지 않게요. 그럴 때는 아이의 의욕을 끌어내 주면 되는데 그 핵심이 바로 '자기 한계의 뚜껑'을 여는 것입니다.

"이건 원래 안 되는 거야."
"그건 해 봤자 소용없어."
"될 리가 없잖아."

아이가 이런 말을 자주 한다면, 그것은 마음속 어딘가에 '자기 한계의 뚜껑'이 단단히 닫혀 있다는 신호입니다. 이 뚜껑은 아이의 생각과 행동을 교묘하게 제한하는데도 눈에 보이지 않기 때문에 우리는 평소에 그 뚜껑이 존재한다는 사실조차 모르고 살아갑니다.

하지만 그것은 분명 존재하고, 잠재의식 깊숙이 뿌리내려 스스로의 가능성을 가로막는 가장 완고한 벽이 되곤 합니다. 그러므로 뚜껑이 닫혀 있는 채로 그대로 두어선 절대로 안 됩니다.

물론 그렇다고 영원히 닫혀 있는 것은 아닙니다. 어떤 계기나 말 한마디, 혹은 진심 어린 격려 하나가 그 뚜껑을 '딸깍' 하고 열리게 만들기도 합니다.

저는 현재 학생들과 직장인, 부모님, 그리고 다양한 분야에서 성장하고 싶은 사람들을 대상으로 멘탈 코칭과 자기계발 상담을 진행하고 있습니다. 그 과정에서 수많은 사람들이 '자기 한계의 뚜껑'을 열고 변화하는 모습을 직접 보았습니다.

어떤 사람은 몇 달 만에 성과를 내며 자신감을 되찾았고, 또 어떤 사람은 오랫동안 멈춰 있던 도전을 다시 시작했습니다. 처음엔 작게 보이던 변화가 어느새 삶 전체의 방향을 바꾸는 힘이 되기도 합니다.

저 역시 한때 그 뚜껑 속에 갇혀 살았습니다. 회사에 다니던 시절, 바쁜 일정과 끝없는 압박 속에서 마음과 몸의 균형이 무너지고 우울감에 빠졌던 적이 있습니다. 그러다 '자신에게 일어나는 일을 있는 그대로 받아들이는 법'을 배우며 조금씩 회복할 수 있었습니다. 그 과정에서 깨달은 것은, 세상이 나를 가둔 게 아니라 내가 만든 틀 속에 스스로 갇혀 있었다는 사실이었습니다. 그 틀을 벗겨내는 순간, 마음의 균형이 서고 삶이 다시 움직이기 시작했습니다.

아이의 '자기 한계 뚜껑'은 주변 사람들의 말과 태도에서 큰 영향을 받습니다. 부모가 "그건 당연히 안 돼.", "그건 무리야." 같은 말을 자주 한다면 아이는 자신도 모르게 그 말들을 마음 속 기준으로 삼게 됩니다. 그 결과 자신이 할 수 있는 일의 범위를 스스로 좁혀버리게 되지요.

반대로, 긍정적인 언어와 질문을 던져준다면 그 닫힌 뚜껑은 어느 순간 '딸깍'하고 열릴 수 있습니다. 그때 아이는 자신이 가진 잠재력과 재능을 스스로 믿게 되고, 그렇게 조금씩 의욕과 추진력이 살아나기 시작합니다.

이 책은 아이의 의욕을 깨우는 방법을 자신감, 의욕, 강한 마음, 주체성이라는 네 가지 주제로 나누어 다룹니다. 각 장에서는 심리학과 뇌과학의 근거를 바탕으로, 부모가 일상 대화 속에서 바로 활용할 수 있는 구체적인 문장과 커뮤니케이션 포인

트를 함께 제시합니다.

덧붙이자면, '자기 한계의 뚜껑'은 아이만의 문제가 아닙니다. 우리 어른들 역시 크고 작은 형태로 그 뚜껑을 가지고 살아갑니다. 그러니 이 책을 읽을 때, 아이뿐 아니라 당신 자신이 가진 한계의 뚜껑도 함께 의식해 보시길 바랍니다. 그 순간, 아이와 부모가 동시에 성장하는 변화가 시작될 것입니다.

차례

Chapter 2
우리 아이의 '의욕 스위치'를 켜는 법

Chapter 3
역경을 이겨내는 '단단한 마음'을 키우는 법

Chapter 4
스스로 움직이는 '주체적인 아이'로 키우는 법

자신감이 부족한 아이에게 '용기의 불씨'를 심는 법

시도도 안 해보고
"어렵다", "못하겠다"라고 말해요

준호는 조금만 어렵다 싶으면 금세 포기하는 아이입니다. 이번 여름방학에는 수영장에서 50m를 완주하겠다고 다짐했지만, 며칠도 지나지 않아 "나한테는 무리야."라며 그만두었습니다. 물이 무섭다거나 체력이 부족해서라기보다, 잘하지 못하는 자신을 견디기 힘들었던 것이지요.

부모의 눈에는 그런 모습이 안타깝습니다. "안 되더라도 끝까지 해봐야지."라고 다그치고 싶지만, 아이는 이미 실패에 대한 두려움에 마음을 닫은 상태입니다.

준호는 말은 하지 않았지만, 표정에는 실망과 체념이 엿보였습니다. 노력했는데도 잘되지 않는 현실이 서러웠던 것이지요. 겉으로는 아무렇지 않은 척했지만, 속으로는 이미 자신을 향한 신뢰를 잃어버린 상태입니다.

'못하겠다'는 생각은 잘못된 믿음이란 걸 알려주자

준호가 쉽게 포기하는 이유는 단순한 게으름 때문이 아닙니다. 지금까지 몇 번의 실패가 그의 마음속에 깊은 흔적을 남긴 탓이지요. 시도할 때마다 결과가 기대에 미치지 못하면서, '나는 해도 소용없어.'라는 생각이 굳어져 버렸습니다. 이것을 심리학에서는 '학습된 무기력'이라고 부릅니다. 반복된 실패가 '노력해도 달라지지 않는다.'는 믿음을 심어버린 것입니다.

비슷한 예로, 한 실험에서 '창꼬치'라는 물고기를 이용해 흥미로운 결과를 확인한 적이 있습니다. 수조 안에 창꼬치와 먹잇감이 될 작은 물고기를 함께 넣으면, 처음에는 창꼬치가 활발히 사냥을 합니다. 그런데 수조 한가운데에 투명한 칸막이를 세워두면, 창꼬치는 계속해서 먹이를 향해 돌진하다가 보이지 않는 벽에 부딪히게 됩니다. 그렇게 몇 번을 시도하다 결국 포기하지요. 그리고 놀랍게도, 나중에 칸막이를 치워도 창꼬치는 더 이상 먹이를 잡으려 하지 않습니다. 이미 '해봐야 소용 없다.'는 학습효과가 자리 잡았기 때문입니다.

하지만 이 상황은 의외로 간단히 바꿀 수 있습니다. 새로운 창꼬치 한 마리를 넣으면 됩니다. 그 물고기는 칸막이가 있었다는 사실을 모르니 자연스럽게 먹이를 향해 헤엄쳐 가고, 이를 지켜보던 다른 창꼬치들이 "할 수 있잖아!"라는 듯 뒤따라갑니다. 한 번의 성공이 그들의 믿음을 완전히 바꿔 놓는 것이지요.

사람도 마찬가지입니다. 실패의 기억 속에 갇혀 있던 마음은, 누군가의 작은 성공을 보며 다시 움직이기 시작합니다. 한때 100m 달리기에서 인간은 10초의 벽을 넘을 수 없다고 믿었지만, 칼 루이스가 그 벽을 깬 뒤로 9초대의 기록은 더 이상 불가능하지 않게 되었습니다. 가능성을 보여주는 단 한 사람의 존재가 믿음을 바꾸는 것입니다.

준호에게도 그런 변화의 계기가 필요합니다. 자신과 비슷한 상황을 이겨낸 친구의 모습을 직접 보여 주는 것만으로도 충분한 자극이 됩니다. "쟤도 했으니까 나도 할 수 있겠지."라는 마음이 다시 피어오르면, 잃었던 의욕이 되살아날 것입니다.

또 아이가 용기 내서 도전했다면 결과와 상관없이 그 자체를 인정하고 칭찬해야 합니다. 그 경험이 다음 도전의 씨앗이 되기 때문입니다.

이때 부모의 태도는 결정적인 역할을 합니다. 부모는 아이의 속도를 인정하고, 작은 변화에도 반가워하는 태도를 보여야 합니다. 아이가 스스로 문제를 해결하려는 작은 시도를 보일 때마다 "방금 그건 네가 한 거야, 잘했어."라고 구체적으로 짚어 주면, 아이는 '나는 할 수 있다.'는 믿음을 조금씩 회복합니다.

특히 부모가 말로만 격려하기보다 스스로 노력하는 모습을 행동으로 보여 주는 것이 강력한 동기부여가 됩니다. 아이는 부모의 말보다 '살아 있는 본보기'를 통해 용기내는 법을 배우기 때문입니다.

결국 아이가 다시 일어서게 만드는 힘은 비난이나 조급함이 아니라, 도전 그 자체를 인정해 주는 따뜻한 시선과 부모의 진심 어린 행동에서 나옵니다.

 ## 아이에게 이렇게 말하면 상처가 됩니다

- 변명만 늘어놓고 아무것도 안 할 작정이야?
- 다른 아이들은 다 하는데 너는 왜 못해?

 ## 아이에게 이렇게 말하면 마음이 열립니다

- 결과가 어떻게 나오든 시도한 것만으로도 의미가 있는 거야.
- 망설이지 말고 한 번 해봐. 네가 하면 분명 달라질 거야.

 ## 아이의 마음을 움직이는 부모의 태도

- 결과와 상관없이 용기 내서 도전한 그 자체를 인정하고 칭찬해 준다.
- 아이가 공감할 수 있는 긍정적인 롤모델을 찾아 자연스럽게 보여 준다.
- 말보다 행동으로 스스로 노력하는 모습을 보여 주며 동기부여를 해 준다.

조금만 혼나도
금세 의기소침해요

민서는 요즘 유난히 말수가 줄었습니다. 예전엔 학교 이야기를 신나게 하던 아이였는데, 요즘은 귀가하자마자 방으로 들어가 문을 닫습니다. 알고 보니 며칠 전 수업 시간에 발표를 하다 선생님께 혼이 났는데 그 일이 마음에 남아 있는 모양입니다.

그날 이후 민서는 발표를 피하고, 수업 중에도 선생님과 눈을 마주치지 않으려 합니다. 겉으로는 "괜찮아."라고 말하지만, 축 처진 어깨와 떨리는 목소리가 민서의 속마음을 드러내 줍니다.

엄마가 다가가 "무슨 일 있었어?"라고 조심스레 물어도 민서는 고개를 저으며 "아니야."라고 짧게 답합니다. 하지만 책상 앞에 앉아도 집중하지 못하고, 종종 창밖을 멍하니 바라봅니다. 학교 갈 준비를 하면서도 표정이 어둡고, 가방을 메는 손끝에 힘이 없습니다. 작은 실수가 자신을 '못난 아이'로 만든 것 같아 마음속에서 계속 자신을 탓하고 있는 것이지요. 그렇게 민서는 점점 자신감을 잃고, 말수가 줄어든 채 하루하루를 견디고 있습니다.

아이를 있는 그대로 받아들이자

아이가 누군가에게 야단을 맞았을 때는, 먼저 "무슨 잘못을 했는지"보다 "무슨 일이 있었는지"를 물어봐야 합니다. 아이의 행동 뒤에는 언제나 이유가 있고, 그 이유는 어른이 생각하는 것보다 훨씬 단순하거나 반대로 깊을 수도 있습니다. 누군가의 착각이었을 가능성도 있지요.

이때는 아이의 이야기를 중간에 끊지 말고, 끝까지 귀 기울이며 들어 주는 것이 무엇보다 중요합니다.

아이가 "선생님께 혼났어."라고 말하면 "무슨 일로 혼났을까? 조금만 더 자세히 말해 줄래?"라고 차분히 물어보세요. 예를 들어 친구가 괴롭힘을 당하는 걸 보고 "그만해!"라고 외쳤는데, 선생님 눈에는 단순히 소란을 피우는 행동으로 보였을 수도 있습니다. 하지만 부모는 시간을 충분히 들여 아이의 이야기를 끝까지 들어줄 수 있지요. 중요한 건, 누가 옳았는지를 따지는 게 아니라 아이의 감정을 먼저 이해하는 일입니다.

부모가 선입견 없이, 조용하고 차분한 태도로 아이의 말을 들어줄 때 아이는 "내 편이구나."라는 신뢰를 느낍니다. 그 신뢰가 아이의 마음을 회복시키는 가장 큰 힘이 됩니다.

민서는 작은 일에도 크게 상처받고 한동안 마음을 추스르지 못하는 편입니다. 이것은 자존감이 낮다는 신호이기도 합니다. 자존감이 낮은 아이에게는 몇 가지 공통점이 있습니다.

· 사소한 일에도 지나치게 의기소침해진다.
· 자신감이 없고 열등감이 강하다.
· 다른 사람의 시선을 과하게 의식한다.
· 자기 생각을 말하기 어려워한다.
· 칭찬받아도 진심으로 기뻐하지 못한다.
· 실패가 두려워 도진을 피한다.
· 관계 속에서 쉽게 상처받고 감정 기복이 크다.

아이에게 필요한 것은 있는 그대로의 자신도 괜찮다는 확신입니다.

"지금 네 모습 그대로 괜찮아. 어떤 네 모습이든 사랑한단다."

이 한마디는 아이가 스스로를 소중히 여기게 만드는 가장 강력한 메시지입니다. 부모가 아이의 존재를 온전히 인정해 줄 때, 아이는 세상을 향해 한 발 내딛을 용기를 얻게 됩니다.

 ## 아이에게 이렇게 말하면 상처가 됩니다

- 네가 괜히 혼났겠니? 혼날 짓을 했겠지.
- 언제까지 꿍해 있을 건데?

 ## 아이에게 이렇게 말하면 마음이 열립니다

- 오늘 학교에서 무슨 일 있었는지 얘기해 줄 수 있어?
- 완벽하지 않아도 괜찮아. 지금 네 모습 그대로 충분히 소중하니까.

 ## 아이의 마음을 움직이는 부모의 태도

- 아이가 이야기할 때는 중간에 끼어들지 말고 끝까지 귀 기울이며 마음의 문을 열어 준다.
- 미리 판단하지 말고 한발 물러서서 아이가 겪은 일을 아이의 시선에서 차분히 들여다본다.
- 꾸짖기보다는 이해하려는 태도로 따뜻한 애정을 담아 조심스럽게 말을 건넨다.

실패가 두려워
도전하지 못해요

민재는 공부도 잘하고 농구부 부대표로 활동하는 모범생이지만, 새로운 일 앞에서는 쉽게 움츠러듭니다. 발표 시간에 손끝이 떨리고, 친구들이 "이번엔 네가 해봐."라고 해도 미소만 지은 채 한 발 물러섭니다. "괜히 실수하면 팀에 폐가 될까 봐요."라는 말에는 완벽해야 한다는 부담이 숨어 있습니다.

집에서도 마찬가지입니다. 함께 외출할 계획을 세울 때도 "엄마, 아빠가 정하세요."라며 결정을 미룹니다. 무엇을 하든 '틀리면 어쩌지?'라는 생각이 앞서서 쉽게 결단을 내리지 못하지요. 성실하고 책임감이 강하지만, 그만큼 마음속엔 불안이 자라 있습니다. 실수로 신뢰를 잃을까 두려워 늘 조심스러운 균형 위에 서 있는 아이, 그것이 지금 민재의 모습입니다.

아이 스스로 만든 '금지 규칙'을 허물자

능력은 충분한데도 쉽게 도전하지 못하는 아이들은 대체로 '실패를 절대 허용해서는 안 된다.'는 자기만의 규칙을 마음속에 세워 두고 있습니다. 겉보기에는 신중하고 완벽해 보이지만, 그 안에는 '실패는 곧 무가치함'이라는 두려움이 자리하고 있지요.

이럴 때 부모는 먼저 아이가 왜 실패를 두려워하는지 그 이유를 차분히 들어봐야 합니다. 두려움의 뿌리를 알기 전에는 어떤 격려도 마음에 닿기 어렵습니다.

아이들이 흔히 갖고 있는 자기 규칙은 이렇습니다.

· 결과가 전부다.
· 실패하면 안 된다.
· 완벽하지 않으면 의미가 없다.
· 정답은 하나뿐이다.
· 나는 사랑받지 못한다.
· 나는 열등하다.

이러한 신념이 행동을 결정합니다. 이를 심리학에서는 'ABC 이론'이라고 부릅니다. 즉, 사건(A) 자체가 결과를 만드는 것이 아니라, 그 사건을 바라보는 믿음(B)이 결과(C)를 만든다는 원리입니다.

따라서 아이에게 '실패하면 안 된다.'는 생각이 오히려 자신을 가두는 잘못된 믿음이라는 점을 천천히 알려주는 것이 중요합니다. 실패를 부정이 아닌 과정으로 바라볼 때, 아이의 마음은 조금씩 유연해질 것입니다.

ABC 이론

A	B	C
Activating Event	Belief (신념)	Consequence
(사건)	(비합리적 믿음)	(결과)

미국 심리학자 앨버트 엘리스(Albert Ellis)는 이렇게 말했습니다.

"사건이 사람을 불행하게 하는 것이 아니라, 그 사건을 바라보는 신념이 사람을 불행하게 만든다."

즉, 신념을 바꾸면 결과도 달라진다는 뜻입니다.

아이에게 필요한 것은 완벽한 성과가 아니라, 잘못을 두려워하지 않고 새로운 시도를 해 보려는 마음입니다.

하지만 부모들은 대체로 아이의 '행동'에만 초점을 맞춥니다.

"왜 그렇게 소극적이야?", "좀 더 적극적으로 해봐." 하고 잔소리를 늘어놓지만, 행동의 근원은 언제나 '신념'에 있습니다. 따라서 신념이 바뀌지 않으면 행동도 달라지지 않습니다.

세상에는 다양한 관점과 해석이 있다는 사실을 자연스럽게 알려주면, 아이는 생각의 폭을 넓히며 스스로의 틀을 깨기 시작합니다.

"왜 시도해 보지 않니?"

"실패하면 속상하니까요."

아이가 이렇게 말할 때는 한 걸음 더 들어가야 합니다.

"실패하면 안 될 이유가 있니? 왜 실패하는 게 그렇게 두렵니?"

이 대화에서 핵심은 아이의 감정을 판단하지 않고, 진심으로 이해하려는 태도입니다.

아이는 잠시 망설이다 이렇게 답할지도 모릅니다.

"지난번 발표 시간에 자신 있게 의견을 냈는데, 선생님이 '그건 네가 잘못 생각하는 거야.'라고 하셨어요. 그 후로는 손을 들기가 무서워요."

이럴 때 중요한 건, 바로잡거나 가르치려 들기보다 먼저 아이의 감정을 인정해 주는 것입니다.

"그랬구나, 네 입장에서는 많이 당황스럽고 속상했겠다."

그다음에는 조금 다른 시각을 보여 줄 수 있습니다.

"혹시 선생님은 네 생각이 틀렸다고 한 게 아니라, 다른 관점에서도 생각해 보자는 의미였을 수도 있지 않을까?”

이처럼 부모가 시야를 넓혀 주면, 아이는 점차 ‘실패 = 꾸중’이라는 단순한 연결고리를 깨뜨리게 됩니다. 또한 실패의 긍정적인 면을 알려주는 것도 중요합니다.

“맞아, 실패하면 혼날 수도 있지. 하지만 실패하지 않으면 성장도 없단다.”

아이가 여전히 ‘자기 규칙’에 사로잡혀 있을 때는 이렇게 물어볼 수 있습니다.

“정말 네가 믿는 게 옳다고 생각하니?”

“네, 그런 것 같아요.”

“100% 확실하다고 말할 수 있을까?”

“음… 꼭 그렇진 않아요.”

“그럼 혹시 너 혼자만 그렇게 믿고 있는 건 아닐까?”

“그럴 수도 있겠네요.”

이런 대화를 통해 아이는 스스로 깨닫게 됩니다.

‘실패하면 안 된다.’는 신념이 자신을 지켜주는 게 아니라, 오히려 스스로를 가두고 있었다는 사실을요.

결국 아이가 실패를 받아들이는 힘은, 부모의 따뜻한 경청과 열린 시선에서 자랍니다. 부모가 조급해 하지 않고 끝까지 들어줄 때, 아이는 비로소 실패 속에서도 배움을 찾아 나설 용기를 얻게 됩니다.

💬 아이에게 이렇게 말하면 상처가 됩니다

- 이렇게 겁이 많아서야.
- 그렇게 용기 내는 게 어렵나?

💬 아이에게 이렇게 말하면 마음이 열립니다

- 결과에 상관없이 시도해 보면 어떨까? 생각만 하는 거랑은 다를 거야.
- 안 된다고 느끼는 이유가 뭘까? 혹시 스스로 한계를 정해버린 건 아닐까?

💬 아이의 마음을 움직이는 부모의 태도

- 아이가 왜 실패를 두려워하는지 그 이유를 차분히 들어본다.
- '실패하면 안 된다.'는 생각이 오히려 발목을 잡는 잘못된 믿음임을 깨닫게 해 준다.
- 한 가지 시선에 갇히지 말고 세상에는 다양한 관점과 해석이 있음을 차분히 말해 준다.

잘하는 친구만 보면
풀이 죽어요

민준은 학교 야구부의 에이스 투수이자 주장입니다. 성실하고 책임감이 강해 늘 팀을 이끌었고, 자신감도 넘쳤습니다. 하지만 지역 소년 야구대회에 출전하면서 상황이 달라졌습니다.

처음 만난 다른 팀 선수들은 수준이 달랐습니다. 구속도 빠르고, 수비도 정확했지요. 민준은 첫 경기에서 연달아 안타를 허용하며 마운드에서 내려왔습니다. 관중석의 시선이 따갑게 느껴졌고, 동료들의 위로조차 마음에 와닿지 않았습니다.

그날 이후 민준은 훈련장에서도 예전의 활기를 잃었습니다. 공을 던질 때마다 손끝이 떨리고, 실수할까 봐 몸이 굳었습니다. 자신감이 무너진 자리에는 '나는 안 될지도 몰라.' 하는 두려움만 남았습니다.

집에 돌아와도 말수가 줄었고, "그냥 피곤해."라는 말로 마음을 감췄습니다. 하지만 부모의 눈에는, 열정을 잃어버린 아이의 어깨가 유난히 무거워 보였습니다.

불안의 시간을 건너는 너를 지키는 말

경쟁 상대는 타인이 아니라 '어제의 나'임을 알게 하자

저 역시 민준과 비슷한 경험이 있습니다. 초등학교 시절까지만 해도 야구에서는 언제나 상위권이었고, 주변에서도 "재능 있다."는 말을 자주 들었습니다. 하지만 중학교에 들어가자 상황이 달라졌습니다. 저보다 훨씬 빠르고 정확한 투구를 던지는 선수들을 여럿 만났습니다. 고등학교에 야구 특기생으로 진학했을 때는 그 차이가 더 명확하게 느껴졌지요. 실력 차이는 분명했고, 자신감은 조금씩 무너졌습니다.

그러나 지금 돌이켜보면, 그때 저는 비교가 아니라 내 안의 성장에 집중해야 했습니다. 그 시절 제 목표는 단 하나, 프로 야구 선수가 되는 것이었습니다. 하지만 부상과 함께 마음의 균형이 무너졌습니다. 돌아보면, 진짜 원인은 몸이 아니라 마음이었습니다. 같은 팀 동료를 끊임없이 경쟁 상대로 여기며, 그들을 이기는 것에만 집중했기 때문입니다. 그렇게 목표를 잃었고, 결국 꿈도 놓아버렸습니다.

물론 경쟁심이 나쁜 것은 아닙니다. 건강한 경쟁은 발전의 원동력이 되기도 합니다. 하지만 그 경쟁이 타인을 기준으로 한 비교로 바뀌면, 마음은 금세 피로해집니다. 누군가를 이기면 우쭐해지고, 지면 모든 의욕을 잃게 되지요. 교육심리학에서는 이를 '비경쟁 보상' 개념으로 설명합니다. 경쟁을 통해 승자에게만 보상을 주는 것이 아니라, 노력한 모든 이가 스스로의 성취를 느낄 수 있도록 돕는 방식입니다.

부모는 결과보다 과정에 초점을 맞추며, "어제보다 나아졌구나."라는 말을 자주 해 주는 것이 좋습니다. 그 한마디가 아이에게 '성장은 비교가 아니라 꾸준함에서 온다.'는 믿음을 심어 줍니다.

민준이처럼 아직 세상이 좁은 아이들은 원하지 않아도 주변 친구들과 자신을 비교하게 됩니다. 그래서 더 넓은 세상을 보여 주는 것이 필요합니다. 진짜 선수들이 훈련하는 모습을 직접 보게 하거나, 프로 경기의 현장을 가까이서 느끼게 해 주는 것도 좋습니다. '나도 저기 서 보고 싶다.'는 마음이 생기면, 경쟁이 아니라 성장이 목표가 됩니다.

좁은 세상 속에서는 비교 심리가 쉽게 커집니다. 하지만 더 넓은 무대를 경험하게 하면, 아이는 자신만의 가능성을 새롭게 인식하게 됩니다.

결국 중요한 것은 아이가 세상을 얼마나 넓게 바라보느냐입니다. 좁은 울타리 안의 승패보다 더 큰 무대를 경험하게 해 주면, 아이는 비교에서 벗어나 자기 길을 찾게 됩니다.

 **아이에게 이렇게 말하면 상처가 됩니다**

- 저 애한테는 절대 지면 안 돼.
- 어쩜 저렇게 잘할까? 너는 못 당하겠는데?

아이에게 이렇게 말하면 마음이 열립니다

- 어떤 목표를 달성하고 싶은지 생각해 본 적 있나?
- 네가 생각하는 이상적인 선수의 모습은 어떤 거야?

아이의 마음을 움직이는 부모의 태도

- 다른 아이와 비교하는 것보다 어제의 나와 오늘의 나를 견주어 보도록 도와준다.
- 이기는 것보다 목표를 향해 꾸준히 노력하는 것이 더 가치 있다는 것을 알려준다.
- 좁은 세상에 머물지 않도록 더 넓은 세상의 진짜 무대를 경험하게 해 준다.

스스로 한계를 정해 버려요

지훈은 매일 같은 시간에 책상 앞에 앉습니다. 알람이 울리기 전 눈을 뜨고, 자리에 앉아 문제집을 펼칩니다. 학교에서는 친구들이 쉬는 시간마다 삼삼오오 모여 웃고 떠드는 동안에도 그는 자리를 지킵니다. 손목이 아플 만큼 필기를 하고, 틀린 문제는 다시 풀고 또 풉니다.

그런데 요즘 들어 지훈의 표정은 점점 굳어가고 있습니다. 노트는 점점 더 빽빽해지는데, 성적표의 숫자는 달라지지 않습니다. 시험이 끝날 때마다 손끝이 떨리고, 결과를 확인할 때면 가슴 한쪽이 서늘하게 식어갑니다. 공부를 그렇게 열심히 했는데도, 왜 늘 제자리일까요.

친구들은 "조금만 더 하면 오를 거야"라고 말하지만, 그 말은 이제 위로가 되지 않습니다. 그저 공허하게 흩어질 뿐입니다.

가슴 뛰는 목표로 '자기 한계의 뚜껑'을 벗기자

실제로는 더 능력이 있는데도 스스로 자기 한계를 정하는 사람들이 많습니다. 대부분의 사람들이 그렇다고 해도 과언이 아닐 것입니다. 겉으로는 노력하는 것처럼 보이지만 마음속으로는 '이게 내 한계야.'라며 보이지 않는 벽을 세웁니다. 그러면서 무의식적으로 자신의 뇌에 '제한' 설정을 걸어버립니다. 마치 진짜 능력이 깨어나지 않도록 뇌에 커다란 뚜껑을 덮어 두는 듯합니다. 저는 이것을 '자기 한계의 뚜껑'이라고 부릅니다.

저는 지금까지 수많은 학생들을 지도하며 이 뚜껑을 벗겨내도록 도와왔습니다. 물론 실제로 '딸깍' 소리가 나는 것은 아니지만, 마음속에서 그 순간을 느낀 사람들의 표정은 분명 달라집니다.

자신이 지닌 능력의 100%를 마침내 꺼내 쓰기 시작한 사람들의 얼굴에는 확신과 생기가 피어납니다. 그렇게 그들은 자신이 한때 넘을 수 없다고 믿었던 기록을 넘어, 꿈을 현실로 만들어 왔습니다.

그 방법은 다양하지만, 가장 간단하고 자연스러운 시작은 '가슴이 뛰는 목표'를 세우는 것입니다. 사람은 누구나 즐거움을 추구하는 본능이 있습니다. 그 즐거움이 클수록 동기는 강해지고, 한계라 여겼던 벽을 흔들기 시작합니다. 그러므로 마음 깊은 곳에서 진심으로 설레는 목표가 아니면 안 됩니다.

한 학생에게 이런 질문을 한 적이 있습니다.

"성적이 오르면 제일 하고 싶은 게 뭐니?"

그 아이는 잠시 생각하다가 조심스레 말했습니다.

"M고등학교에 들어가고 싶어요."

"왜 M고등학교에 가고 싶지?"

"교복이 예쁘고… 또 배구팀이 강하잖아요. M고등학교 배구부에서 뛰어보고 싶어요. 하지만 제 성적으로는 어렵겠죠. 현실적으로는 S고등학교가 맞는 것 같아요."

그 대답을 듣는 순간, 저는 느꼈습니다. 이렇게 현실적인 목표를 세우면 마음이 움직이지 않습니다. '할 수 있는 만큼만'이라는 생각으로는 동기가 생기지 않고, 자기 한계의 뚜껑도 열리지 않습니다.

그래서 저는 말했습니다.

"그럼 M고등학교의 교복을 입고, 배구부에서 땀 흘리며 뛰는 네 모습을 상상해 보렴. 경기에 나가 팀원들과 소리치고, 공을 받아내는 네 표정을 떠올려 봐."

그 말을 듣자 아이의 얼굴에 미묘한 변화가 일어났습니다. 눈빛이 반짝이며 상상 속의 장면을 따라가기 시작했습니다.

"그렇지. 단순히 'M고등학교에 가고 싶다'는 마음보다 'M고등학교 배구부에서 활약하겠다'는 마음으로 도전해 보자. 그래야 너의 진짜 힘이 깨어날 거야."

그 순간, 그 아이의 표정이 완전히 달라졌습니다. 무언가 마음속 깊은 곳에서 열리는 듯했습니다.

성적을 올리겠다는 막연한 목표만으로는 의욕이 생기지 않습니다. 자신이 '정말로 하고 싶은 일'을 중심에 두고, 그 안에서 활약하는 자신의 모습을 구체적으로 그려야 합니다.

이렇게 마음속으로 그 장면을 되풀이해서 생각하다 보면, 몸과 마음은 점차 반응하기 시작합니다. '나는 이 정도 수준이지'라고 믿던 자기 이미지가 '활약하는 나'로 바뀌고, 마침내 '나는 할 수 있다.'라는 확신으로 이어집니다. 이것이 바로 자기 한계의 뚜껑을 여는 과정입니다.

실제로 저의 글을 읽고 상위권 대학교에 합격한 한 학생이 있습니다. 그는 처음엔 "내 실력으로 좋은 대학교는 무리"라며 스스로를 단정지었습니다. 그러다 '가슴이 뛰는 일을 목표로 하라'는 글을 읽고 깊이 생각했습니다. 그리고 '○○ 대학교 검도부에서 활약하고 싶다'는 진심 어린 마음을 발견했습니다.

그는 처음엔 그것이 터무니없는 욕심이라 여겼지만, 차츰

'도전해 볼 만하다'는 생각으로 바뀌었습니다. 그리고 마침내 마음속에서 '딸깍'하고 뚜껑이 열렸습니다.

'○○대에 입학한다'는 추상적인 목표였다면 중간에 지쳤을지도 모릅니다. 하지만 '○○대 검도부에서 뛰는 자신'을 떠올리자 가슴이 뛰었고, 그 설렘이 그를 끝까지 이끌었습니다.

결국, 자기 한계의 뚜껑을 연다는 것은 단순히 노력의 문제가 아닙니다. 그것은 '하고 싶은 일'을 향해 진심으로 가슴이 뛰는 순간, 내 안의 잠든 능력이 깨어나는 경험입니다.

💬 아이에게 이렇게 말하면 상처가 됩니다

- 이 성적으로 ○○대에 갈 수 있겠니?
- 떨어지면 안 되니까 성적에 맞춰 지원하는 것이 좋을 것 같은데.

💬 아이에게 이렇게 말하면 마음이 열립니다

- 생각했을 때 정말 가슴이 설렐 정도로 좋아하는 일이 뭐야?
- 우리가 공부를 하는 이유는 뭘까? 공부를 하면 어떤 점이 좋아?

💬 아이의 마음을 움직이는 부모의 태도

- 아이가 스스로 한계를 만들고 있다는 사실을 자연스럽게 깨닫도록 돕는다.
- 머리로만 세우는 목표가 아니라 마음이 움직이는 목표를 찾도록 이끈다.
- 자신이 활약하는 모습을 구체적이고 생생한 이미지로 그리게 한다.

부족한 점만 계속 신경 써요

수진은 지역 체조클럽에서 활동하고 있습니다. 어린 시절부터 몸을 유연하게 움직이는 것을 좋아했고, 남들보다 끈기가 있어 늘 성실하게 연습했습니다. 사람들은 그런 그녀를 보며 '타고났다'고 말하지만, 정작 수진은 그 말이 부담스러웠습니다.

그녀에게 체조는 늘 불안과 싸우는 일과 같았습니다. 특히 도마 종목만큼은 자신이 부족하다는 생각을 지울 수 없었습니다. "괜찮아, 괜찮아"라고 말하며 스스로를 다독이면서도, 착지가 완벽하지 못하면 모든 연습이 헛수고처럼 느껴졌습니다.

경기가 끝나면 늘 아쉬움이 남았습니다. 모두가 박수를 쳐도 수진의 표정은 쉽게 풀리지 않았습니다. 동작 하나하나가 머릿속에서 되감기처럼 재생됐고, 특히 착지 순간의 흔들림은 오래도록 잊히지 않았습니다. 연습장에서도, 집에서도 그 장면이 떠올랐고 늘 마지막이 완벽하지 못한 것 같다는 생각이 수진의 어깨를 무겁게 눌렀습니다.

약점보다 강점에 초점을 맞추자

사람은 누구나 잘하는 일도 있고 서툰 일도 있습니다. 그러나 이상하게도 많은 아이들은 자신의 강점보다 약점을 더 많이 신경 씁니다. 수진이 역시 여러 종목에서 좋은 평가를 받았지만, 도마 착지 하나에만 마음이 붙잡혀 있습니다. 그런 생각에 사로잡힌 이유는 완벽을 추구하는 성격 때문이거나, 그동안 실수할 때마다 지적을 받아온 경험 때문일 것입니다.

물론 약점을 아는 것은 성장에 필요합니다. 그러나 부족한 부분만 계속 바라보면 자신감이 닳아 없어지다가, 결국 의욕마저 사라집니다. 중요한 것은 잘하는 부분을 스스로 인정하고 받아들이는 일입니다.

"착지는 조금 흔들렸지만, 다리의 움직임은 아주 자연스러웠어."

이렇게 구체적인 칭찬을 건네면, 아이는 자신이 가진 다른 가능성에도 눈을 뜨게 됩니다. 한 가지 실수에 갇혀 있던 마음이 조금씩 풀리고, '그래도 나에게 잘하는 것이 있구나.'라는 믿음이 생깁니다. 그 믿음이야말로 아이를 다시 일어서게 하는 힘입니다.

저는 인간의 감정에는 세 가지 수준이 있다고 생각합니다. 마이너스, 제로, 그리고 플러스입니다. 부모가 어떤 말로 아이를 대하느냐에 따라 아이의 감정은 이 셋 중 어느 쪽으로든 기울 수 있습니다. 부정적인 말이 쌓이면 아이의 마음은 점점 마이너스로 향합니다.

"또 착지에 실패했구나."

이런 말은 이미 스스로 부족함을 알고 있는 아이에게 또 한 번 상처를 남깁니다. 위로가 아니라 '두 번째 타격'이 되는 셈입니다. 그러고 나서 "좀 더 의욕을 내서 해 봐"라고 덧붙인다면, 아이의 마음은 오히려 더 식어버립니다. 실패한 부분을 또 한 번 언급하는 대신, 강점을 반복해서 들려주는 것이 플러스로 기울게 하는 가장 간단한 방법입니다.

반대로 아무 말도 하지 않는 부모도 있습니다. 아이가 해낸 일에 좋다 나쁘다는 평가조차 하지 않는다면, 아이의 감정은 제로 상태에 머뭅니다. 관심이 없으면 칭찬도, 조언도 할 수 없습니다. 그래서 아이는 부모의 시선을 끌기 위해 애를 쓰지만, 그 노력은 진심에서 우러난 동기가 아니기 때문에 오래가지 않습니다.

아이의 감정이 플러스로 움직이게 하는 부모는 다릅니다. 그들은 아이의 마음을 먼저 봅니다. 실수보다 가능성에 초점을 맞

    불안의 시간을 건너는 너를 지키는 말

추고, 그 가능성이 미래로 이어질 수 있도록 상상하게 돕습니다.

"수진아, 도마 착지만 완벽하게 해내면 올림픽에도 나갈 수 있겠다!"

아이가 피식 웃으며 "말도 안 돼요"라고 대답하더라도 괜찮습니다. 그럴 때는 다정하게 말해 주는 것이 중요합니다.

"너라면 할 수 있어. 엄마(아빠)는 네가 해낼 거라고 믿어."

이 한마디는 아이의 마음에 남을 것입니다. 의심하던 자신을 믿게 하고, 잃었던 자신감을 되찾게 만든 말이기 때문입니다.

💬 아이에게 이렇게 말하면 상처가 됩니다

- 다른 걸 아무리 잘해도 마무리를 못하면 소용없는 거야.
- 그것만 해냈으면 훨씬 좋은 성적을 받았을 텐데.

💬 아이에게 이렇게 말하면 마음이 열립니다

- 오늘 이 부분이 진짜 좋았어.
- 이만큼이나 성장했다는 건 네가 미래의 챔피언으로서 흠잡을 데가 없다는 증거야.

💬 아이의 마음을 움직이는 부모의 태도

- 부족한 점을 되풀이해 말하지 않고 아이가 스스로를 깎아내리지 않도록 흐름을 끊어 준다.
- 아이의 강점을 구체적으로 짚어 주어 '나는 할 수 있다'는 감각을 직접 느끼게 한다.
- 아이의 마음이 설렐 만한 미래를 현실에서 실제로 보여 준다.

남의 시선을 의식해
소극적으로 굴어요

민서는 학교 관악부에서 플루트를 연주합니다. 악보를 따라 호흡을 조절하며 입술을 세밀하게 맞추는 그 시간들은 민서에게 익숙하고도 편안한 일상이었습니다.

어느 날, 문화제를 앞두고 지휘 선생님이 민서에게 조심스럽게 말을 건넸습니다.

"이번 공연에서 솔로 파트를 맡아보는 게 어떻겠니?"

주변에서도 기대의 눈빛이 쏟아졌습니다. 하지만 민서는 선뜻 대답하지 못했습니다.

그녀의 마음속에는 미세한 불안이 일었습니다. 무대 한가운데 서서 모든 시선을 받는다는 것은 생각만으로도 숨이 막혔습니다. 틀릴지도 모른다는 두려움, 완벽하지 않으면 안 된다는 압박감이 한꺼번에 밀려왔습니다.

결국 민서는 이번에는 안 하겠다고 대답했고 그녀의 마음은 오래도록 무겁게 가라앉았습니다.

따뜻한 관심으로 마음의 안전기지를 만들어 주자

다른 사람이 자신을 어떻게 생각하는지에 지나치게 신경 쓰는 아이들이 있습니다. 타인의 시선이 곧 자신의 가치라고 믿으며, 누군가에게 좋은 평가를 받지 못하면 자신이 의미 없는 존재가 된 것처럼 느끼는 아이들입니다. 이런 아이들에게 가장 필요한 것은 비교가 아니라, 있는 그대로 바라봐주는 부모의 시선입니다. 다른 사람과 경쟁할 필요 없이 자신만의 속도를 존중받는다는 느낌이 들 때, 아이의 마음은 비로소 안정됩니다.

사실 이런 성향을 가진 아이들은 어설픈 모습을 보이거나 실수하는 일을 극도로 두려워합니다. 이런 마음의 패턴은 대개 어릴 때부터 형성됩니다. 매사에 부모의 지적을 자주 듣거나, 다른 아이와 비교되는 경험이 많을수록 이런 경향은 더 짙어집니다.

혹시 무심코 이런 말을 한 적은 없으신가요?

"네 친구는 지역 대회에도 출전했는데, 너는 왜 못 나갔니?"

"네 친구는 영어 시험에서 100점을 받았다는데, 너도 좀 본

받아야지."

　부모 입장에서는 자극을 주려는 말이었겠지만, 아이에게는 상처로 남기 쉽습니다. 부모님 세대는 그런 말을 들으며 오히려 분발했던 경험이 있을지도 모릅니다. 그러나 그것은 일시적인 자극일 뿐, 진심에서 우러난 동기가 아닙니다. 외부의 압박으로 억지로 움직이는 '외적 동기'는 오래가지 못합니다. 결국 아이는 지치고, 부모는 답답해집니다. 서로를 이해하지 못한 채 반복되는 설득과 잔소리 속에서 관계는 점점 멀어질 것입니다.

　중요한 것은 그럴 때일수록 아이의 속상한 마음을 외면하지 않고 함께해 주는 것입니다. 아이가 실망하거나 낙심했을 때, 다그치기보다 "속상했겠다"라는 말이 훨씬 큰 위로가 됩니다.

　저는 아이들을 지도할 때 항상 한 가지를 염두에 둡니다. 아이의 현재 성적은 중요하지 않다는 것입니다. 기초가 튼튼하다면, 성장은 자연스럽게 따라옵니다. 이때 부모가 해야 할 일은 끊임없이 '관심을 보여 주는 일'입니다. 말로만 사랑한다 하지 않고, 눈빛으로, 표정으로, 작은 행동으로 '나는 언제나 네 편이야'를 전해야 합니다.

　사랑받고 있다는 확신이 생기면, 아이는 스스로를 믿게 됩니다. 그러면 굳이 누군가의 시선을 좇지 않아도 됩니다. 그것이 아이가 자신만의 속도로, 자신이 선택한 방향으로 나아갈 수 있는 가장 든든한 토대가 됩니다.

💬 아이에게 이렇게 말하면 상처가 됩니다

- 와, 그 애 정말 대단하더라.
- 그런데 너는 뭐가 부족해서 그렇게 못하는 거니?

💬 아이에게 이렇게 말하면 마음이 열립니다

- 넌 지금 그대로도 충분히 좋아.
- 하루하루가 다르게 성장하고 있어. 지난주보다 훨씬 좋아.

💬 아이의 마음을 움직이는 부모의 태도

- 다른 아이와 비교하지 않고, 아이가 원하는 속도와 방식에 집중한다.
- 아이가 느끼는 속상함을 외면하지 않고 그 감정을 함께 들여다본다.
- 늘 관심과 사랑을 기울이며 곁에 있다는 것을 일상 속에서 말과 행동으로 보여 준다.

지적을 들으면
금세 자신감을 잃어요

며칠 전 수업이 끝난 뒤, 민호는 교실 뒤편에서 한참을 서 있었습니다. 친구들은 삼삼오오 떠들며 교실을 나갔지만, 그는 가방을 메지도 못한 채 그대로 굳어 있었습니다. 그날 선생님에게 들은 한마디가 마음속에서 자꾸 울렸기 때문입니다.

"넌 발전이 없구나."

그 말은 짧았지만 묵직하게 가슴에 내려앉았습니다. 아무리 애써도 나아지지 않는 사람이라는 낙인이 찍힌 듯한 기분이었습니다.

그날 이후로 민호의 표정은 조금씩 굳어갔습니다. 친구가 장난스럽게 말을 걸어도 웃음이 나오지 않았고, 수업 중 선생님의 시선이 닿을 때면 괜히 숨이 막혔습니다. 아무도 모르게, 그 짧은 말 한마디가 그의 마음 한가운데 깊은 금을 내고 있었습니다.

좋은 점을 보여 주어 부정적 자기 인식을 바꿔주자

민호는 요즘 자신이 별 볼 일 없는 사람이라고 믿고 있습니다. 아무리 노력해도 변하지 않는 것 같고, 무엇을 해도 인정받지 못한다는 생각이 머릿속을 떠나지 않습니다. 이런 민호처럼 스스로에게 부정적인 꼬리표를 붙이고 그 안에서 빠져나오지 못하는 사람은 의외로 많습니다. 하지만 과연 그 믿음이 진실일까요?

대부분의 부정적인 자기 인식은 현실이 아니라, 스스로 만들어낸 비합리적인 믿음에서 비롯됩니다. 아이가 '나는 안 돼'라고 생각할 때, 그 생각이 사실인지 함께 따져보게 도와주세요. "정말 그럴까?", "혹시 너 자신을 너무 엄격하게 보고 있는 건 아닐까?"라는 질문이 새로운 시각을 여는 첫걸음이 됩니다.

심리학에서는 인간의 내면을 이해하기 위해 '신경 논리적 수준(Neurological Levels)'이라는 분석 방법을 사용합니다. 이는 인간의 의식을 자기 인식, 신념, 능력, 행동 그리고 결과와 환경이라는 다섯 단계로 나누어 살피는 접근법입니다. 이 다섯 단계는 서로 긴밀하게 연결되어 있어, 한 단계가 변하면 다른 단계에도 영향을 미칩니다.

신경 논리적 수준 (Neurological Level)

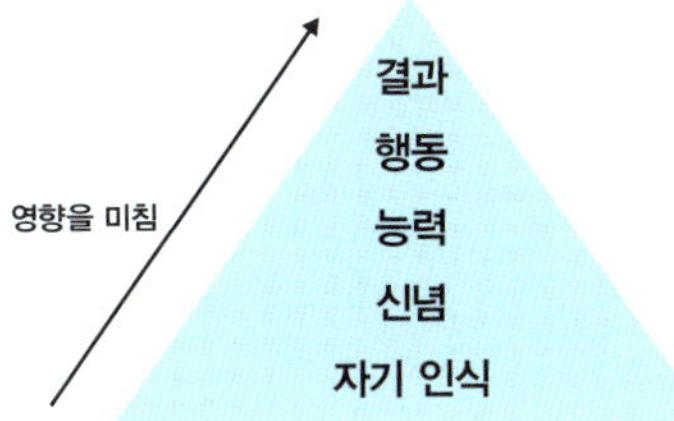

민호의 경우를 보면, "넌 발전이 없구나"라는 선생님의 말이 부정적인 자기 인식의 씨앗이 되었습니다. 그 한마디가 '나는 부족한 사람', '나는 해 봐야 소용없다'라는 신념으로 바뀌었고, 그 신념은 행동과 결과에까지 이어졌습니다.

흥미로운 점은, 사람은 누구나 자신을 바라보는 틀 안에서만 세상을 본다는 사실입니다. "나는 쓸모없는 사람"이라는 생각이 자리 잡으면, 그 믿음을 강화시킬 근거만 찾아 헤매게 됩니다. 잘한 일보다 부족한 부분이 먼저 눈에 들어오고, 칭찬보다 실수를 크게 느끼게 됩니다. 그러나 한발 물러서서 다른 각도에서 자신을 바라보면, 분명히 보이지 않던 장점이 있습니다.

부모는 아이가 그 '다른 각도'를 발견하도록 거울이 되어 주어야 합니다. 잘한 점 하나라도 구체적으로 짚어 주며, "이건 정말 네가 잘했어"라는 칭찬을 자주 들려 주세요. 그런 말이 모여 아이의 자기 인식 구조를 바꾸어 줍니다. 반대로 부모까지 "넌 정말 안 되겠구나"라고 생각하면, 아이는 그 말보다 더 깊은 좌절 속으로 떨어집니다. 아이의 부정적인 인식을 바꾸기 위해서는 무엇보다 부모가 먼저 믿어주는 자세를 보여야 합니다. 어떤 상황에서도 '나는 네 편이야'라는 메시지를 보내는 것을 잊지 마세요. 말뿐 아니라 표정, 눈빛, 태도로 그 믿음을 전달하는 것이 아이에게는 세상에서 가장 강력한 지지입니다.

 ## 아이에게 이렇게 말하면 상처가 됩니다

- 언제까지 그 말만 곱씹고 있을 건데?
- 이제 지나간 일은 좀 잊어.

 ## 아이에게 이렇게 말하면 마음이 열립니다

- 너의 나쁜 점만 보지 말고 좋은 점은 무엇인지도 생각해 보자.
- 너는 언제나 주위 사람에게 친절하게 대해서 참 좋아.

아이의 마음을 움직이는 부모의 태도

- 부정적인 자기 인식이 스스로 만든 비합리적 믿음이라는 것을 깨닫도록 도와준다.
- 아이의 장점을 구체적으로 칭찬한다.
- 어떤 상황에서도 아이의 편이라는 믿음을 말과 행동으로 전한다.

스스로 능력이 없다고 생각하며
위축돼 있어요

지현이는 자신감이 부족해 늘 말을 아끼고 눈치를 봅니다. 발표 시간에도 손을 들었다가 금세 내리고, 친구들이 웃을 때조차 조심스럽게 미소만 짓습니다. 누가 시키지 않으면 먼저 나서지 않고, 새로운 일 앞에서는 망설임이 먼저 찾아옵니다.

부모님은 그런 지현의 모습이 안타깝고 답답합니다. 또래 아이들처럼 활발하게 행동하길 바라지만, 조금만 재촉해도 지현이는 금세 얼굴이 굳고 눈가가 붉어집니다.

그럴 때마다 어떻게 해야 할지 부모님은 혼란스럽습니다. 다그치면 상처받을까 두렵고, 가만히 두자니 더 위축될까 걱정됩니다. 그저 지현의 작은 등을 쓰다듬으며, "괜찮다"는 말을 속으로 삼키는 날이 늘어나고 있습니다.

도전의 즐거움을 통해 자존감을 회복시키자

지현이는 요즘 자신은 잘하는 일이 하나도 없다고 말합니다. 스스로를 작게 여기며, 다른 사람들에 비해 부족하다고 느끼는 듯했습니다. 부모가 "정말 아무것도 없을까?"라고 물으면, 지현은 고개를 숙인 채 "없어요"라고 조용히 대답합니다.

그러나 사실 그렇지 않습니다. 전에는 동아리방을 정리하고, 집에서 빨래 개는 일을 도와준 적도 있었지요. 사소한 일 같지만, 그 안에는 지현이의 배려와 성실함이 담겨 있습니다.

한마디 칭찬이나 "도와줘서 고마워"라는 말은 아이에게 자신이 누군가에게 도움이 되는 존재임을 깨닫게 합니다. 이렇게 작은 성취를 인정받는 경험이 쌓이면 아이의 마음속에는 '나도 할 수 있다'는 믿음이 조금씩 자라납니다.

그리고 아이 스스로 세운 목표가 있다면 그 과정을 함께 응원해 주세요. 숙제를 스스로 끝냈거나, 그림을 완성하거나, 오늘 하루를 계획대로 보냈다면 그 자체로 충분히 의미 있는 일입니다. 그런 점을 부모가 구체적으로 칭찬해 주며 기뻐하는 순간,

아이는 그 경험을 '성공의 기억'으로 저장합니다.

예전에 상담하러 찾아온 한 아이가 있었습니다. 말수가 적고 시선을 자주 피하던 그 아이는 자신은 아무것도 잘하는 게 없다고 단정하듯 말했습니다. 이야기를 나누던 중, 제가 "그런데 지난번에 친구 숙제를 도와줬다면서요? 참 따뜻한 마음이네요."라고 조심스럽게 말하자 아이의 눈빛이 살짝 흔들렸습니다. 그날 이후 아이는 스스로 이야기를 더 꺼내기 시작했고, 다음 상담 시간에는 "요즘엔 친구랑 같이 그림을 그리고 있어요."라며 미소를 지었습니다. 누군가 자신 안의 좋은 부분을 진심으로 봐준다는 경험이, 아이의 마음을 서서히 열게 만든 것이었습니다. 아이의 의욕은 누군가의 '믿음'에서 시작됩니다. 부모가 아이의 가능성을 먼저 봐주고, 아주 작은 변화에도 기뻐해 줄 때 아이는 자신을 다시 믿게 됩니다.

부모의 진심 어린 믿음과 칭찬은 아이가 자기 안의 빛을 스스로 발견하도록 돕는 가장 큰 힘이 됩니다. 결국 아이를 성장시키는 것은 '완벽한 결과'가 아니라, 부모가 매일 보내는 작은 신호입니다. 그 신호 속에서 아이는 '나는 신뢰 받고 있다'는 확신을 품고, 다시 세상으로 한 걸음 나아갈 힘을 얻습니다.

 ### 아이에게 이렇게 말하면 상처가 됩니다

- 그렇게 우물쭈물하고 있으니 보기만 해도 답답하다.
- 좀 더 자신감을 가져봐.

 ### 아이에게 이렇게 말하면 마음이 열립니다

- 네가 잘하는 것도 있잖아.
- 다음 목표는 뭐야? 내가 응원해 줄게.

 ### 아이의 마음을 움직이는 부모의 래도

- 아주 작은 일이라도 해냈다면 그 순간을 놓치지 말고 따뜻하게 인정하고 칭찬한다.
- 아이가 스스로 목표를 세우도록 이끌고, 작은 성취라도 이루어냈을 때는 기뻐하며 아낌없이 칭찬해 준다.
- 어떤 상황에서도 믿고 응원하고 있다는 것을 말뿐만 아니라 일상의 작은 행동으로 꾸준히 보여 준다.

기대를 받으면
오히려 실수를 해요

준호는 코치에게 "너에게 기대가 크다"라는 말을 들을 때마다 마음이 무겁습니다. 처음엔 그 말이 칭찬처럼 들렸지만, 시간이 지날수록 '그 기대를 반드시 만족시켜야 한다'는 압박으로 바뀌었습니다. 결국 코치의 시선조차 두려워졌고, 스스로에게 "나는 왜 이렇게 약할까?"라며 자책하기에 이르렀습니다.

준호는 연습장에 서 있는 순간조차 긴장이 풀리지 않았습니다. 주변 친구들이 웃으며 농담을 주고받을 때도 그는 혼자 묵묵히 공만 바라봤습니다. "넌 잘할 수 있어"라는 격려조차 이제는 부담으로 들렸고, 그 말이 들릴 때마다 어깨가 더 무겁게 내려앉았습니다. 경기가 끝난 뒤엔 아무도 탓하지 않았는데도 스스로를 가장 먼저 책망했습니다. 결국 집에 돌아와서는 조용히 방문을 닫고, 거울 속 자신을 보며 "이 정도밖에 안 되는구나."라며 낮게 중얼거렸습니다. 그렇게 준호의 마음은 자신도 모르는 사이에 점점 더 움츠러들고 있습니다.

　　　　　　　　

기대보다 '믿음'이 중요하다

부담은 누구나 느낍니다. 저는 자신감이 특히 부족한 선수에게는 "정말 이루고 싶은 꿈은 굳이 남에게 공언하지 않아도 된다."라고 조언합니다. 공표하는 순간 타인의 시선이 기대와 비교가 되어 무게로 변하고, 현재 실력과 목표의 간극이 커 보일수록 비웃음이나 불신이 덧씌워지기 쉽기 때문입니다.

아이에게 꿈이 생겼을 때, 부모가 해야 할 일은 그 방향을 평가하거나 재단하는 것이 아니라 조용히 지켜봐 주는 일입니다. 마음이 향하는 곳이 있다면, 그 자체로 축하받을 일입니다. '그게 가능하겠어?'라는 의심 대신 '좋아, 해 보자.'라며 응원해 주세요. 그것은 아이가 스스로 목표를 세우고 책임지는 힘을 길러줄 것입니다.

사실 저에게도 비슷한 경험이 있습니다. 초등학교 6학년 때 큰 대회에서 예고 없이 선발 투수로 지명됐습니다. 준비가 덜 된 채 마운드에 올랐고 결과는 참담했습니다. 돌아오는 버스에서 코치가 "너에게 기대했는데"라고 말했을 때, 칭찬처럼 들리면서도 그 한마디가 가슴에 깊이 박혔습니다. 그 말 속의 '기대'가 오히려 무게가 되어 어깨를 짓눌렀던 기억이 생생합니다.

그날 이후 '기대에 반드시 부응해야 한다'는 압박감이 생겼고, 지면 어쩌나 하는 불안이 앞서 투수 등판 자체가 두려워졌습니다. 그 경험은 한동안 '기대'가 어떻게 '구속'으로 변하는지, 시선을 의식하는 마음이 어떻게 몸을 굳게 만드는지 뚜렷이 보여 주었습니다.

이처럼 주변의 기대는 때로 아이의 열정을 가두는 틀이 되기도 합니다. 부모가 먼저 '결과를 맞추는 사람이 아니라, 과정에서 배우는 사람으로 살아도 괜찮다'는 메시지를 전해 주세요. 그 한마디가 아이를 다시 자유롭게 만들어 줄 것입니다.

생각해 보면, 누군가의 기대를 받는다고 해서 그것을 반드시 충족해야 할 의무가 생기는 것은 아닙니다. 아이가 타인의 기대에 짓눌려 힘들어할 때는 이렇게 말해 주는 것이 도움이 됩니다.

"코치님의 기대에 꼭 부응해야 하는 건 아니야. 너만의 속도와 방식이 있잖아."

부모가 이런 태도를 꾸준히 보이면, 아이는 주변의 시선보다 자신의 방향을 더 신뢰하게 됩니다. '누구의 기대를 만족시키기 위해'가 아니라, '내가 좋아서' 하는 길을 스스로 선택할 힘이 생깁니다.

부모의 역할은 여기서 결정적입니다. "기대할게."보다 "믿는다."가 필요합니다. '기대'에는 "잘할지 모르지만"이라는 여지가 섞여 있지만, '믿음'에는 "네가 해낼 것"이라는 전제가 깔려 있습니다. 믿음은 결과를 강요하지 않고, 과정에서 흔들리지 않는 지지로 작동합니다.

그러니 아이의 준비와 회복의 리듬을 존중해 주세요. 작은 성취에 기꺼이 기뻐하고, 흔들릴 때는 판단보다 안정감을 먼저 주며, "네가 어떤 결과를 가져오든 나는 네 편"이라는 메시지를 일관되게 말과 행동으로 보여 주면 좋습니다.

결국 아이가 꿈을 향해 나아갈 수 있는 원동력은 주변의 '기대'가 아니라 부모의 '믿음'입니다. 그 믿음이 아이의 내면을 단단하게 세우고, 넘어져도 다시 일어설 수 있는 힘을 길러줍니다.

💬 아이에게 이렇게 말하면 상처가 됩니다

- 진짜 진 거야? 너한테 기대했는데.
- 너한테 기대가 커. 그러니까 열심히 해!

💬 아이에게 이렇게 말하면 마음이 열립니다

- 나는 항상 네가 해낼 거라고 믿어.
- 다른 사람의 기대에 맞추려고 하지 말고 너 자신을 위해서 하렴.

💬 아이의 마음을 움직이는 부모의 태도

- 아이의 꿈을 가볍게 재단하지 말고 마음이 향하는 방향을 존중해 준다.
- 주위의 기대에 꼭 부흥해야 하는 것은 아니라는 것을 알려준다.
- 결과와 성적에 상관없이 늘 네 편이며 끝까지 믿는다는 메시지를 말과 행동으로 꾸준히 전한다.

큰 목표 앞에서 겁을 먹어요

은우는 요즘 탁구에 완전히 빠져있습니다. 매일 방과 후 체육관으로 달려가 연습을 거듭하며, 올해는 꼭 전국대회에서 우승하겠다는 목표를 세웠습니다. 누구보다 열심히 준비했고, 손에 물집이 잡히는 것도 개의치 않았습니다. 하지만 지역 예선에서 예상치 못한 난관을 만나면서 경기가 뜻대로 풀리지 않았습니다. 결국 전국대회 출전권을 얻지 못했고, 그날 이후 은우의 표정은 눈에 띄게 어두워졌습니다.

라켓을 손에 쥐고도 예전처럼 휘두르지 못했고, 연습장으로 향하던 발걸음은 점점 무거워졌습니다. "나는 역시 안 되는 사람인가 봐."라는 말이 입버릇처럼 나왔고, 그 말을 스스로 믿기 시작했습니다. 코치와 친구들이 "괜찮아, 다음 기회가 있어."라고 말해 주어도 마음에 와닿지 않았습니다. 작은 실패 하나가 은우의 자신감을 송두리째 흔들어 놓은 것입니다. 그렇게 은우는 탁구대 앞에서도 더 이상 공이 아닌, 자신의 부족함만 바라보게 되었습니다.

좌절을 대비할 '마음의 준비'를 함께 하자

저는 좌절 또한 인생에서 반드시 필요한 경험이라고 생각합니다. 도전하다가 상처를 입는 일은 아프지만, 그 속에서 다시 일어서는 법을 배우기 때문입니다. 인생을 살면서 마주하게 될 수많은 어려움 앞에서 무너져도 다시 일어나는 힘은 바로 이런 경험에서 길러집니다.

살다 보면 우리는 부딪히고, 튕겨 나오고, 또다시 부딪히며 조금씩 단단해집니다. 아이에게도 이런 과정이 꼭 필요합니다. 지금의 좌절은 결코 낭비가 아니라, 앞으로의 인생을 버티게 할 내면의 근육을 기르는 시간입니다. 부모는 그 과정을 두려워하기보다 "지금은 필요한 경험을 쌓는 때"라고 받아들여야 합니다.

이때 부모가 불안해 하며 서두르면, 아이는 스스로 일어설 기회를 잃습니다. 조급함 대신 안정된 태도를 보여 주세요. 부모가 "괜찮아, 시간이 좀 걸려도 돼"라고 말할 수 있을 때, 아이는 비로소 자신을 믿는 법을 배웁니다.

한 테니스 선수의 어머니가 "기다림을 중요하게 생각한다"고 말한 것도 바로 이 때문입니다. 아이가 잠시 흔들릴 때, 부모는 조급히 손을 내밀기보다 스스로 일어설 시간을 주어야 합니다. 그 기다림은 무관심이 아니라 신뢰입니다. 아이가 다시 일어설 힘을 스스로 찾을 수 있도록 여유를 주는 일, 그것이 부모가 해 줄 수 있는 가장 큰 격려입니다.

상담실에 찾아오는 부모님들 가운데는 이렇게 말하는 분들이 있습니다.

"아이가 요즘 너무 힘들어해요. 어떻게 해야 할까요?"

그럴 때 저는 늘 조심스럽게 대답합니다.

"그런 경험도 필요하다고 생각합니다."

그러면 대부분 이렇게 말씀하시지요.

"이제는 좋은 결과가 나왔으면 하는데, 계속 실패하니까 마음이 아파요."

그 마음을 모르는 건 아닙니다. 부모라면 당연히 아이가 고생하지 않길 바랄 겁니다. 하지만 그 마음이 지나쳐 아이보다 더 열을 올리면, 아이는 그 기대를 짐처럼 느끼게 됩니다.

요즘 놀이터에 가면 정글짐이나 회전 놀이기구 같은 조금이라도 위험하다 싶은 놀이 기구는 모두 철거된 것을 볼 수 있습니다. 아이를 보호하는 것은 좋지만 그것이 지나칠 경우 안전은 확보돼도 성장의 기회는 잃게 됩니다.

부모의 과도한 보호는 아이를 안전하게 지켜주는 듯 보이지만, 결국 실패를 통해 배울 수 있는 기회를 빼앗습니다. 아이가 넘어져도 스스로 일어나는 순간, 세상을 건디는 힘이 자랍니다.

"괜찮아, 이 또한 네가 자라는 과정이야."

이 말 한마디가 아이의 회복력과 자존감을 단단하게 지켜줍니다. 부모가 해 줄 수 있는 가장 큰 사랑은 완벽하게 지켜 주는 것이 아니라, 넘어질 자유를 허락하고 다시 일어설 수 있다는 것을 믿어 주는 것입니다. 그렇게 기다려 주는 부모 곁에서 아이는 조금 늦더라도 자신만의 속도로 반드시 성장합니다.

💬 아이에게 이렇게 말하면 상처가 됩니다

- 목표를 낮추는 게 어떨까?
- 처음부터 너한테는 무리였던 것 같다.

💬 아이에게 이렇게 말하면 마음이 열립니다

- 실패보다 그 다음이 더 중요한 거야.
- 지금은 좋은 결과를 얻기 위해 꼭 필요한 경험을 하고 있는 거야.

💬 아이의 마음을 움직이는 부모의 태도

- 좌절 또한 성장의 일부임을 믿고, 아이가 스스로 일어설 수 있도록 따뜻하게 지켜봐 준다.
- 아이가 다시 도전할 용기를 낼 수 있도록 부모가 안정된 태도를 보여 준다.
- 아이가 실패를 통해 배우며 스스로 성장할 수 있도록 지나친 보호는 자제한다.

라이벌의 성장에 불안해해요

서연은 이번 콩쿠르를 위해 몇 달 동안 피아노 앞에서 살다시피 했습니다. 아침에 눈을 뜨면 가장 먼저 건반을 두드렸고, 밤이 깊어도 마지막까지 남는 소리는 언제나 그녀의 연습곡이었습니다. 하지만 정작 무대에 선 날, 손끝이 낯설게 떨렸습니다. 연주를 마친 뒤에도 마음은 가라앉지 않았고, 결과 발표를 기다리는 동안 심장이 쿵쿵 뛰었습니다.

이윽고 발표된 결과표에는 친구의 이름이 더 높은 순위에 적혀 있었습니다. 박수가 쏟아졌지만, 서연의 귀에는 그 소리가 멀리서 들리는 듯했습니다.

그날 밤, 서연이는 피아노 뚜껑을 열었다가 다시 닫았습니다. 친구의 이름이 적힌 상장이 자꾸 떠올랐고, 마음 한구석이 서늘해졌습니다. '나도 저 자리에 서고 싶었는데.', 그 한마디가 마음속에서 수없이 맴돌았습니다. 연습한 시간들이 헛된 건 아니라는 걸 알면서도, 남은 건 성취가 아닌 상실감이었습니다.

좋은 라이벌은 나를 더 강하게 만든다

라이벌의 컨디션이나 기세가 정말 결정적일까요? 사실은 전혀 그렇지 않습니다. 피아노의 경우 무대 위의 가장 큰 변수는 대개 '상대'가 아니라 '자기 연주'입니다. 많은 아이들을 지켜보면, 라이벌을 지나치게 의식할수록 손끝의 힘 조절이 흐트러지고 호흡이 흔들려, 결국 자신이 준비해 온 음악을 잃어버리곤 합니다. 중요한 것은 공부든 연주든 정작 필요한 순간에 자신의 해석과 터치, 호흡을 온전히 펼쳐낼 수 있는가입니다. 옆자리의 친구가 절정의 컨디션이든 아니든, 내가 마음먹은 만큼의 소리를 무대에서 구현했다면 그 연주는 이미 충분히 값집니다.

이 점을 아이에게도 알려 주세요. 진짜 경쟁자는 타인이 아니라 어제의 자기 자신이라는 것을요. 뛰어난 상대와 겨루는 순간마다 자기 실력의 기준이 한 단계씩 올라간다는 사실을 깨닫게 해 주는 것이 중요합니다.

일류 연주자는 라이벌이 자기 역량을 최대한으로 발휘하는 것을 두려워하지 않습니다. 오히려 라이벌이 최고의 연주를 해 주길 바랍니다. 무대의 밀도가 높아질수록 자신도 함께 끌어올라, 표현의 깊이와 집중도가 더 단단해지기 때문입니다.

세계 정상급 피아니스트를 떠올려 보세요. 그들은 "가장 높은 수준의 음악을 지금 이 자리에서 구현하는 나"에 집중합니다. 이런 확고한 자기 확신이 있기에, 상대에게도 최고의 순간이 오길 기꺼이 바라는 것입니다.

이는 단지 음악에만 해당하는 이야기가 아닙니다. 공부든 스포츠든, 수준 높은 인재들과의 경쟁은 나를 위협하기보다 내 한계를 넓히는 기회가 됩니다. '저 친구가 있기에 내가 더 강해진다'는 마음을 가질 수 있도록 아이를 이끌어 주세요. 그럴수록 아이의 실력은 단단하게 다져질 것입니다.

일류는 자신만의 기준을 세우고, 그 기준을 스스로 높여가는 사람입니다. 경쟁의 본질은 타인의 평가가 아니라, 자신의 최선을 끌어내는 집중의 힘이라는 사실을 아이가 스스로 느끼게 해야 합니다.

때로는 손목 통증이나 무대 공포, 개인적인 사건으로 흔들리기도 하지만, 다시 호흡을 가다듬고 건반 앞에 앉을 그 힘이 그들을 다시 무대로 데려옵니다. 부활의 서사는 우연이 아니라, 최고 수준의 집중력과 자기 신뢰가 만든 필연입니다. 높은 수준에서 실력을 갈고닦는 시간 자체가 가장 큰 자산이라는 걸 아이가 깨달을 때 아이는 완전히 다른 차원으로 성장할 것입니다.

💬 아이에게 이렇게 말하면 상처가 됩니다

• 오늘은 꼭 이길 수 있지?
• 그 애한테 지면 너무 창피할 거 같아.

💬 아이에게 이렇게 말하면 마음이 열립니다

• 라이벌이 잘할수록 너도 함께 레벨 업할 수 있는 거란다.
• 네가 할 수 있는 최대치를 해 내는 것이 가장 중요해.

💬 아이의 마음을 움직이는 부모의 태도

• 실제 사례를 예로 들며 일류는 일류와 겨루면서 성장하며 그와 함께 실력의 기준도 함께 올라간다는 것을 일깨워준다.
• 라이벌은 나를 위협하는 존재가 아니라 내 역량을 끌어올려 주는 동료임을 이해시킨다.
• 수준 높은 인재들과 경쟁할 때 더 큰 도약이 가능하다는 것을 납득시켜 준다.

코치의 한 줄 통찰: '감사 노트'가 동기 부여의 첫걸음이 된다

아이를 키우다 보면 일이 마음처럼 되지 않는 날이 많습니다. 할 수 있는 최대한 뒷바라지를 해 줘도 아이가 따라오지 않거나, 노력한 만큼 결과가 나오지 않을 때 부모는 쉽게 초조해지고 스스로를 탓하기 쉽습니다. 그럴수록 '성과'에서 '시선'을 돌리는 태도가 중요합니다. 아이의 부족한 점만 보이면 마음은 더 무거워집니다. 하지만 초점을 '감사'로 돌리면 일상의 결이 달라집니다.

"오늘 우리 가족에게, 아주 사소해도 감사할 만한 일이 있었을까?"

이 단순한 질문이 무너진 마음을 다시 세우는 출발점이 됩니다.

1. 작고 사소한 것부터 시작하기

감사는 특별한 일이 있어야만 할 수 있는 것이 아닙니다. 매일 반복되는 순간에서 얼마든지 발견할 수 있습니다. 아이가 스스로 양치컵을 제자리에 놓은 일, 아침에 큰 울음 없이 등원한 날, 귀가 길에 손을 꼭 잡아준 따뜻함—이런 작은 장면들이 가족을 지탱해 줍니다. 그러나 바쁜 하루를 보내다 보면 우리는 그것을 느낄 틈이 없습니다. 그래서 의도적으로 멈춘 다음 바라보는 연습이 필요합니다.

'감사 노트'는 그 시선을 되돌리는 좋은 도구입니다. 어떤 노트든 상관없지만 손이 자주 가고 오래 사용하고 싶은 노트면 더 좋습니다. 날짜를 적고, 그날 감사했던 일을 한 줄로 기록하세요. "저녁 준비할 때 아이가 물건을 가져다줬다.", "잠자기 전에 먼저 '사랑해.' 라고 말했다." 별것 아닌 문장 같아도, 쓰는 순간 '오늘'이 또렷해집니다.

불안의 시간을 건너는 너를 지키는 말

2. 반복 금지의 규칙이 만드는 변화

감사 노트를 쓸 때는 한 가지 규칙만 지키면 됩니다. 같은 내용을 두 번 쓰지 않는다. 처음엔 쉽지만 2주쯤 지나면 소재가 줄어들 것입니다. 그리고 그때부터 시선이 바뀝니다. 평소라면 스쳐 지나갔을 장면에서도 감사의 이유를 찾아내야 하기 때문입니다.

"오늘은 스스로 신발 정리를 했다."

"동생에게 과자를 반씩 나눠줬다."

"편의점 계산대에서 아이가 먼저 '안녕하세요'라고 인사했다."

감사의 기준이 낮아질수록 마음의 폭은 넓어집니다. 완벽한 하루가 아니어도 그 안에 분명 고마운 일이 있었음을 발견하게 됩니다. 작은 감사가 쌓이면 '우리는 아무것도 못 하고 있는 가족'이 아니라는 확신이 생깁니다.

3. 감사가 만드는 내면의 회복력

감사를 기록하는 행위는 단순한 습관을 넘어 가정의 정서 균형을 회복하는 기술입니다. 감사의 언어를 반복하면 부정적인 생각의 힘이 약해집니다. "오늘도 떼를 썼다." 대신 "그래도 낮잠에서 깬 뒤 금방 진정했다"로 시선을 바꿀 수 있습니다. 또한 이 미묘한 전환이 부모의 회복탄력성을 키웁니다.

심리 연구에서도 '감사 일기'는 우울감 완화와 자기효능감 향상에 도움이 되는 것으로 알려져 있습니다. 꾸준히 기록하면 양육의 어려움을 '끝'이 아닌 '과정'으로 인식하게 됩니다. 같은 현실이라도 감사를 통해 다시 보면, 그 안에 남아 있는 여지와 가능성이 보입니다. 이 안정감은 아이에게도

전달됩니다. 부모의 표정과 말투가 부드러워지면 아이의 긴장도 함께 내려
갑니다.

4. 가족과 함께 나누는 감사의 시간

감사 노트는 혼자 써도 좋지만 함께 읽을 때 더 큰 힘을 냅니다. 잠자
리에 들기 직전에 가족이 돌아가며 각자 감사노트에 적을 한 줄을 말해 보
세요.

"엄마가 오늘 책 세 권 읽어줘서 좋았어."

"아빠가 장난감 치울 때 같이 해 줘서 고마웠어."

짧은 나눔만으로도 집 안의 공기가 부드러워지고, 말하지 못했던 애정
과 수고가 확인됩니다. 아이에게 감사 노트는 자기 긍정의 훈련입니다. 결
과보다 과정을 보는 시각, 비교보다 배움을 먼저 찾는 태도가 자연스레 자
랍니다. 부모가 "오늘 네가 고마웠던 일은 뭐였어?"라고 묻는 것만으로도
아이는 '내 하루에도 좋은 일이 있었다'는 기억을 새깁니다.

5. 꾸준함이 만드는 변화

감사 노트의 핵심은 완벽함이 아니라 꾸준함입니다. 하루를 빼먹었다
고 실패가 아닙니다. 다음 날 한 줄로 돌아오면 됩니다. 문장이 어색해도 괜
찮습니다. 중요한 건 '기록하는 의식' 그 자체입니다.

시간이 지나 노트를 펼치면, 빽빽한 한 줄들 속에서 우리 가족이 지나
온 시간의 온도를 느끼게 됩니다. 화려한 성취 대신 '함께 버틴 순간들'이
보입니다.

"우리는 여전히 감사할 수 있는 가족이다."

이 확신이 동기가 되고, 동기가 생활 습관을 바꾸고, 습관이 아이가 성장할 수 있도록 이끌어 줄 것입니다.

6. 마음의 방향을 바꾸는 일

감사 노트는 단순한 일기장이 아니라 길을 알려주는 나침반과 같습니다. 매일 적는 짧은 한 줄이 결국 마음의 방향을 바꿀 것입니다. 감사는 가정을 다시 움직이게 하는 힘입니다. 오늘이 무겁게 느껴진다면, 잠시 멈춰 노트를 펼치고 한 줄만 적어 보세요.

"오늘은 우리 가족에게 고맙다."

이 한 줄이 내일을 버티게 하는 가장 단단한 문장이 되어 줄 것입니다.

감사의 기록은 단순히 마음을 달래는 일이 아니라, 아이 마음속에 '나는 사랑받는 존재'라는 믿음을 심어 줍니다. 부모가 감사의 시선으로 아이를 바라보면, 아이는 자신의 행동이 누군가에게 기쁨이 된다는 사실을 깨닫습니다. 그 깨달음이 곧 자신감의 씨앗이 됩니다. 이것은 칭찬보다 강력하고, 성과보다 오래 남을 확신입니다. 매일의 감사가 쌓일수록 아이는 "나는 소중한 사람이다"라는 내면의 목소리를 배우고, 그 목소리가 앞으로의 삶에서 어떤 어려움 속에서도 스스로를 믿게 하는 힘이 되어 줄 것입니다.

우리 아이의
'의욕 스위치'를 켜는 법

다른 아이보다 못하면
금세 의욕을 잃어요

민서는 늘 영어만큼은 자신 있었습니다. 단어를 외우는 일도, 문장을 해석하는 일도 즐거웠습니다. 시험이 다가와도 마음 한구석에는 '영어는 괜찮아'라는 확신이 자리하고 있었습니다. 그러나 지난 중간고사 결과표를 받아든 순간, 그 확신은 흔들렸습니다. 친구 지현이보다 점수가 낮게 나왔기 때문입니다.

그날 이후 민서의 머릿속에는 한 문장이 계속 맴돌았습니다.

"그렇게 열심히 했는데……."

아무리 지워내려 해도 그 말은 마음 깊은 곳에서 떠나지 않았습니다. 책상 앞에 앉으면 자책이 먼저 밀려왔고, 펜을 잡아도 손이 쉽게 움직이지 않았습니다. 공부는 더 이상 익숙한 일상이 아니라 무겁고 낯선 일이 되어버렸습니다.

시간이 흐를수록 민서는 스스로에게 화가 났습니다. 그렇게 노력했는데 왜 결과가 따라주지 않았을까. 다시 시작해야 한다는 걸 알면서도 마음은 자꾸 주저앉았습니다. 그날 이후, 책을 펴는 일조차 결심이 필요한 일이 되어버렸습니다.

비교 대신, 처음 품었던 목표를 다시 떠올리게 하자

아이들의 세상은 아직 좁습니다. 공부든 운동이든 언제나 바로 옆의 친구가 기준이 되지요. 이겼다고 좋아하고, 졌다고 풀이 죽는 일이 반복됩니다. 어른도 다르지 않습니다.

"지현이는 참 열심히 하더라. 너도 조금만 더 노력해 보자."

이런 말로 아이의 의욕을 북돋우려 하지만, 오히려 상처를 키우는 경우가 많습니다. 그런 말을 하지 않아도 아이는 이미 스스로 알고 있습니다. 자신이 누구에게 졌는지, 따라서 이런 말은 자극이 아니라 반발심을 일으킵니다.

그렇다면, 이런 상황에서 아이의 마음에 다시 불씨를 지필 수 있는 방법은 무엇일까요? 먼저, 민서가 왜 그렇게 열심히 영어 공부를 했는지부터 돌아볼 필요가 있습니다. 이때 중요한 것은 억지로 말하게 하거나, 부모가 미리 답을 정해 놓고 유도하는 대화는 피하는 것입니다. 예를 들어 "○○ 고등학교에 가고 싶다고 했잖아." 같은 말은 아이의 마음을 닫히게 만들 뿐입니다. 그저 차분히, 아이가 스스로 이야기를 꺼낼 수 있도록 기다려 주세요.

"네가 영어 공부를 그렇게 열심히 한 이유가 있지? 무엇을 해 보고 싶어서 그렇게 노력한 걸까?"

이 질문에 민서는 잠시 생각하더니 이렇게 말했습니다.

"대학생이 되면 해외에 나가서 영어를 더 배우고, 그걸 활용할 수 있는 일을 하고 싶어요."

그 순간, 부모님은 단정하지 않고 이렇게 응답했습니다.

"그 꿈, 참 멋지구나. 유학이든 어떤 길이든, 네가 진심으로 원한다면 우리가 함께 방법을 찾아보자."

부모가 판단하는 사람이 아니라 든든한 지지자로서 아이의 곁에 서는 순간, 아이는 자신이 존중받고 있음을 느낍니다. 그리고 비교나 평가가 아닌 '함께 길을 찾는 태도'는 아이의 마음을 다시 움직이게 합니다.

그날 이후, 민서는 다시 책상 앞에 앉았고, 공부에 대한 열정을 되찾았습니다. 이처럼 아이가 처음 품었던 목표를 떠올리게 해 주는 일은 비교나 경쟁보다 훨씬 강력한 동기 부여가 됩니다. 비교의 기준을 옆의 친구가 아니라 어제의 자신으로 옮겨 주는 것. 그것이 아이가 스스로의 성장을 실감하게 만드는 힘입니다.

작은 변화라도 알아봐 주고, 아이의 꿈을 묻는 대화는 스스로의 가능성을 믿게 하는 출발점이 됩니다.

💬 아이에게 이렇게 말하면 상처가 됩니다

- "지현이보다 못했다니, 어쩌려고 그러니."
- "이제 정신 좀 차리고 공부해야지!"

💬 아이에게 이렇게 말하면 마음이 열립니다

- "저번보다 발음이 훨씬 자연스러워졌네."
- "열심히 공부해서 어떤 일을 하고 싶어?"

💬 아이의 마음을 움직이는 부모의 태도

- 아이가 진짜로 이루고 싶은 목표가 무엇인지 이유를 차분히 들어주며 이해한다.
- 경쟁보다 '나만의 목표'를 향해 나아가는 경험이 얼마나 값진지 깨닫도록 돕는다.
- 부모는 판단하는 사람이 아니라 든든한 지지자로서 아이를 독려해 준다.

좋아하는 과목만 하고,
못하는 과목은 피합니다

지민이는 평소에 사회과목을 특히 좋아했습니다. 새로운 내용을 배우는 일도, 교과서 속 이야기를 이해하고 정리하는 것도 즐거웠습니다. 흥미를 가지다 보니 노력한 만큼 결과가 따라왔고, 시험에서도 늘 좋은 점수를 받았습니다. 스스로도 '사회는 자신 있다'는 확신이 생겼습니다.

하지만 수학만큼은 달랐습니다. 문제집을 펼칠 때마다 낯선 기호와 숫자들이 버겁게 느껴졌습니다. 이해가 되지 않으면 답답했고, 한 문제를 붙잡고 있어도 진전이 없자 점점 자신감이 무너졌습니다. 그렇게 조금씩 공부할 의욕이 사라졌습니다.

시간이 지나면서 지민이는 수학 문제집을 아예 책상 한쪽에 밀어두기 시작했습니다. "어차피 해도 안 될 거야"라는 생각이 마음속을 채웠습니다. 성적은 자연스럽게 떨어졌고, 어느새 수학은 가장 피하고 싶은 과목이 되어버렸습니다. 좋아하는 과목에서는 빛나던 아이가, 어려운 과목 앞에서는 주저앉아 버린 것입니다.

'가르쳐 보기'를 통해 못한다는 생각을 깨자

저는 학창 시절 사회와 과학을 특히 좋아했습니다. 반면에 국어, 영어, 수학은 늘 어려워했지요. 세 과목 모두 학년 꼴찌를 다툴 정도였고, 중학교 2학년 때는 부끄럽게도 수학 시험에서 0점을 받은 적도 있었습니다.

그러던 어느 날, 뜻밖의 계기로 수학이 좋아지기 시작했습니다. 바로 '인수분해' 덕분이었습니다. 처음에는 단순한 계산 문제를 푸는 일이었지만, 문제를 풀면 풀수록 과정이 재미있게 느껴졌습니다. 그리고 깨달았습니다.

"수학이 재미없는 과목이 아니구나."

곰곰이 생각해보니 제가 수학을 싫어했던 이유는 초등학교 시절에 배운 분수나 소수 같은 기초 개념이 제대로 잡혀 있지 않았기 때문이었습니다. 그래서 인수분해를 계기로 초등학교 수준의 기초부터 다시 공부하기 시작했습니다. 그러자 놀랍게도 수학 성적이 눈에 띄게 오르기 시작했습니다.

저는 그 경험을 통해 중요한 사실을 깨달았습니다. 노력하면 할 수 있었을 텐데, 스스로 "나는 수학이 어렵다"고 단정 짓고 있었다는 점입니다. 결국 저를 막고 있던 것은 실력이 아니라 생각이었습니다.

아이들도 마찬가지입니다. "나는 못 해"라는 마음 대신 "할 수 있다"는 확신을 심어주는 작은 계기만 생기면, 그 순간부터 의욕이 피어납니다. 많은 부모님이 여기서 "그럼 아이가 모르는 부분을 가르쳐줘야겠구나"라고 생각하실지도 모르겠습니다. 하지만 그 방법은 오히려 역효과를 낳습니다. 가장 좋은 방법은 거꾸로, 아이에게 부모를 가르치게 하는 것입니다.

최근 '학습 피라미드'라는 개념이 주목받고 있습니다. 학습 방법에 따라 얼마나 효과적으로 학습수용률이 높아지는지를 피라미드 형태로 표현한 것입니다. 이 모형에 따르면, 단순히 강의를 듣기만 할 때의 학습수용률은 5%에 불과하지만, 다른 사람에게 가르칠 때는 무려 90%까지 높아진다고 합니다. 즉, 주체

학습 피라미드

학습수용률

능동 학습

	학습수용률	
강의 듣기	5%	수동적
책으로 읽기	10%	
시청각 수업 듣기	20%	
시연 보기	30%	더 깊이 있는 학습
집단 토의	50%	
실제 해 보기	75%	
남에게 설명하기	90%	능동적

수동적인 습득보다 능동적인 참여가 학습수용률을 현저하게 높여 준다.

미국 행동과학연구소 (National Training Laboratories)

적으로 배우고 능동적으로 참여할수록 학습 효과가 커진다는 뜻입니다.

'남에게 설명하기'와 같은 능동 학습 방식은 하버드대학교나 매사추세츠공과대학(MIT) 등 세계 유수의 대학에서도 적극적으로 활용되고 있습니다. 이 방식은 단순한 지식 습득을 넘어, 스스로 생각하는 힘을 길러 주며 학습의 깊이를 더해 줍니다.

"엄마(또는 아빠)는 이 부분을 잘 모르겠는데, 네가 좀 알려 줄래?"

부모와의 대화 속에서 아이는 자연스럽게 사고력을 확장하고, 스스로 배우는 힘을 기르게 됩니다. 이 과정에서 공부는 아이에게 '해야 하는 일'이 아니라 '재미있는 경험'으로 바뀝니다.

또한 아이가 좋아하는 과목이 있다면 마음껏 하게 두는 것이 좋습니다. 잘하는 분야에서 성취감을 느끼면, 그 자신감이 다른 영역으로 확장됩니다. 저 역시 상담받는 분들에게 늘 이렇게 말합니다.

"누가 뭐래도 이것만큼은 내 무기라고 할 만한 걸 만들어 끝까지 최선을 다합시다."

이때 부모가 아이의 관심 분야를 넓혀 주는 방법 중 하나는, 아이가 흥미를 보이는 학교의 체육대회나 문화제를 직접 경험하게 하는 것입니다. 진학하고 싶은 학교의 분위기를 실제로 느끼면 공부의 방향이 명확해지고 목표 의식이 생깁니다.

이런 예도 있습니다. 그림 그리기를 좋아하는 학생이 있었는데 그는 색칠하는 과정은 즐겁게 몰입했지만, 밑그림을 그리는 일은 늘 귀찮아했습니다. 덕분에 색채 감각은 뛰어났지만, 전체적인 균형이 맞지 않아 그림이 어딘가 어색했습니다. 그제야 그는 좋은 그림은 구조에서 시작된다는 사실을 깨닫고, 다시 기본선 연습부터 시작했습니다. 이후 그의 그림은 점점 안정감을 되찾았습니다.

공부도 이와 같습니다. 아이가 좋아하는 과목에 몰두할 때는 그대로 두는 것이 좋습니다. 공부 자체에서 즐거움을 느끼게 하는 것이 우선입니다.

결국 어느 순간 아이는 스스로 깨닫게 될 것입니다.

"사회, 과학만으로는 부족해. 수학도 공부해야겠다."

그때부터는 누가 시키지 않아도 스스로 집중하고, 열심히 하게 됩니다.

결국 공부의 시작은 '의무'가 아니라 '즐거움'입니다. 즐거움이 생기면 열정이 따라오고, 열정이 생기면 성장이 이루어집니다. 저는 그 사실을 뒤늦게 깨달았지만 아이들은 되도록 일찍 알게 되기를 바랍니다. 공부는 잘하려고 하는 것이 아니라, 즐겁게 배우며 성장하려고 하는 거라는 사실을 말입니다.

💬 아이에게 이렇게 말하면 상처가 됩니다

- "수학 공부도 좀 하지?"
- "계속 좋아하는 공부만 하면 어떡하니?"

💬 아이에게 이렇게 말하면 마음이 열립니다

- "이게 무슨 뜻인지 잘 모르겠는데 엄마(또는 아빠)한테 좀 알려 줄래?"
- "열심히 공부하고 있구나."

💬 아이의 마음을 움직이는 부모의 태도

- 아이가 다른 사람을 가르치며 배움의 즐거움을 느낄 수 있도록 유도한다.
- 공부를 '해야 하는 일'이 아니라 '재미있는 경험'으로 느끼도록 돕는다.
- 진학 목표가 뚜렷해지도록, 관심 있는 학교의 체육대회나 문화제를 직접 경험할 기회를 제공한다.

말대꾸가 잦고
반항적이에요

민수는 요즘 엄마의 말에 사사건건 토를 달고 있습니다. 말 끝마다 짜증이 섞여 있었고, 얼굴에는 불만이 가득했습니다. 사소한 일에도 신경질적으로 반응했고, 엄마의 말 한마디에 표정이 굳어지기 일쑤였습니다.

"조금만 순하게 말을 들어주면 얼마나 좋을까……."

엄마는 민수와 부딪힐 때마다 그렇게 중얼거리며 깊은 한숨을 내쉬었습니다. 한때는 이야기만 나눠도 웃음이 끊이지 않던 모자(母子) 사이였지만, 요즘은 대화가 시작되기도 전에 감정의 벽이 먼저 세워졌습니다.

엄마는 민수가 사춘기라서 그런 거라고 스스로를 다독여보았습니다. 그러나 마음 한켠에서는 '혹시 내가 아이의 마음을 너무 몰랐던 건 아닐까'라는 불안이 고개를 들었습니다. 거기까지 생각이 미치면, 한숨은 더욱 깊어졌습니다.

결정권을 아이에게 조금 나누어 주자

"공부해."
"게임 좀 그만하지?"
"네 물건은 네가 좀 챙겨."

혹시 이런 말이 입버릇처럼 나오지는 않으세요? 아이들은 근 거 없는 지시에는 좀처럼 "네."라고 답하지 않습니다. 아이들의 행동을 변화시키고 싶다면 명령 대신 질문, 이것이 출발점입니다.

"공부를 안 하면 나중에 어떻게 될까?"
"게임만 하면 어떤 일이 생길까?"
"너는 어떻게 하고 싶어?"

부모가 이렇게 묻고 들어줄 때, 아이는 반항심을 내려놓고 마음의 문을 엽니다. 그러면서 스스로 결정합니다. 이때 중요한 것은, 아이의 의사를 존중하고 그 결정이 완벽하지 않아도 지켜봐 주는 것입니다. 부모가 개입을 줄일 때 아이는 자신이 신뢰받고 있다고 느낍니다.

"8시부터는 공부할게요."
"오늘 여기까지 마무리하면 그만할게요."

결정권을 맡기는 순간, 아이는 '부모가 나를 믿는다'는 것을 인지하게 되고 말다툼은 눈에 띄게 줄어듭니다. 반대로 통제하려 들면 아이의 마음은 점점 멀어집니다. 아이의 행동보다 먼저 돌아봐야 할 것은 부모의 말과 태도입니다.

제가 진행한 워크숍에도 부모 손에 이끌려 온 아이가 있었습니다. "대회에 나가야 되는데 의욕이 없어요."라는 부모의 말에, 저는 따로 자리를 만들어 아이에게 물었습니다.

"이 대회에 왜 나가려고 하는 거야?"

그러자 아이가 대답했습니다.

"엄마, 아빠가 하라고 해서요."

가끔 이런 말을 들으면 이 아이의 인생의 주인은 누구일까, 라는 생각이 듭니다.

억지로 하는 일에 의욕이 생길 수는 없습니다. 명령은 줄이고 질문하되 끝까지 듣고, 아이가 결정할 수 있도록 배려한다면 그 단순한 전환이 아이의 마음을 부모 곁으로 돌아오게 할 것입니다.

💬 아이에게 이렇게 말하면 상처가 됩니다

- "제발 말 좀 들어라."
- "그럴 시간 있으면 공부해."

💬 아이에게 이렇게 말하면 마음이 열립니다

- "너는 어떻게 했으면 좋겠는데?"
- "지금 공부하지 않으면, 나중에 너의 미래는 어떻게 될까?"

💬 아이의 마음을 움직이는 부모의 태도

- 명령하듯 지시하기보다 아이 스스로 생각할 수 있도록 질문한다.
- 아이의 의사를 존중하고 스스로 결정하게 한다.
- 아이를 탓하기 전에 부모의 말과 태도를 먼저 점검한다.

불안의 시간을 건너는 너를 지키는 말

경기에서 계속 져서
의기소침해져 있어요

민호의 꿈은 K리그에 진출하는 것이었습니다. 현재 지역 축구 클럽에서 주전으로 뛰고 있는 민호는 목표를 이루기 위해 매 순간 최선을 다했습니다. 하지만 최근 팀의 전력이 흔들리면서 연패가 이어졌고, 그때부터 민호의 자신감이 눈에 띄게 꺾였습니다.

경기가 끝난 뒤에는 말수가 부쩍 줄었고 훈련장에서도 예전처럼 밝은 표정이나 탄력 있는 움직임을 보기 어려웠습니다. 몸은 그 자리에 있었지만 마음은 점점 멀어지고 있었습니다.

하지만 민호는 여전히 가슴에 꿈을 품고 있습니다. 그러나 연이은 패배에 마음이 무겁지 않을 수 없었습니다. 스스로를 다독이려 했지만, '나는 잘하고 있는 걸까.' 하는 의문이 자주 머릿속을 스쳤습니다. 그럴 때마다 마음 한켠에서 작은 불안이 자라났습니다.

'잇따른 패배'는 성장의 기회가 된다

'잇따른 패배'는 눈앞의 벽을 뛰어넘는 법을 배울 수 있는 좋은 기회입니다. 실패는 시련을 이겨내는 방법을 배우게 하고, 쉽게 흔들리지 않는 마음의 근력을 키워주니까요. 인생은 결국 수많은 역경의 연속입니다.

이때 부모가 해야 할 일은 그 안에서 아이가 무엇을 배웠는지 함께 찾아주는 일입니다. 즉 패배를 성장의 발판으로 바꾸는 관점 전환이 필요한 것입니다.

성공만 경험한 아이는 어른이 된 뒤 실패 앞에서 쉽게 무너질 수 있습니다. 그래서 성장의 시기에는 '이겨보는 경험'보다 '넘어져도 다시 일어나는 경험'이 더 중요합니다.

하지만 의기소침한 아이에게 "좋은 경험했다고 생각해."라고 말한다면, 아이는 "내 기분은 알지도 모르면서."라며 반발할지도 모릅니다. 그럴 때 충고보다 필요한 건 공감과 시선의 전환입니다.

잘못을 캐묻기보다, 아이가 스스로 달라진 점이나 좋아진 부분을 발견할 수 있도록 도와주세요.

경기에서 졌더라도 잘 해낸 부분은 반드시 있습니다. 그 점을 짚어 주며 아이가 스스로 긍정적인 면을 발견하도록 도와주어야 합니다.

"좋은 플레이도 있었지. 네가 보기엔 어떤 점이 괜찮았어?"

"오늘 경기에서 스스로 성장했다고 느낀 부분이 있었니?"

이처럼 조언을 늘어놓기보다 질문을 던지고 끝까지 들어 주는 것이 핵심입니다.

질문은 아이의 마음을 여는 열쇠입니다. 스스로 좋았던 점을 떠올리면 시선이 바뀌고, 그 과정에서 기분도 자연스레 회복됩니다. 중요한 건 부모가 대신 대답하지 않는 것입니다. 깨닫는 주체는 언제나 아이 자신이어야 합니다.

피겨스케이팅 선수인 하뉴 유즈루는 소치와 평창 두 번의 올림픽에서 금메달을 거머쥐었지만, 2014년 ISU 그랑프리 시리즈에서는 연습 도중 충돌 사고로 부상을 입었습니다. 그럼에도 불구하고 그는 경기에 출전했고, 중국 대회에서는 2위, 일본 대회에서는 4위를 기록했습니다. 그리고 이렇게 말했습니다.

"뛰어넘어야 할 벽이 많다는 건, 정말 즐거운 일입니다."

그의 말처럼 패배는 성장의 또 다른 이름입니다. 하뉴 선수는 끝내 부상의 벽을 넘어, 그랑프리 파이널에서 우승을 차지했습니다. 이 사례에서도 알 수 있듯이 넘어짐은 실패가 아니라, 더 단단히 일어서는 법을 배우는 과정입니다.

💬 아이에게 이렇게 말하면 상처가 됩니다

- "계속 지기만 하는데 뭐가 잘못됐는지 잘 생각해 봐."
- "그때 왜 그런 실수를 했는데?"

💬 아이에게 이렇게 말하면 마음이 열립니다

- "오늘 경기에서 네가 성장했다고 느낀 부분은 없었어?"
- "어떤 점에서 더 나아졌다고 느끼니?"

💬 아이의 마음을 움직이는 부모의 태도

- 패배의 원인을 지적하기보다 이번 패배에서 무엇을 배울 수 있는지 함께 찾아본다.
- 잘못을 캐묻기보다 달라진 점 또는 좋아진 점을 스스로 찾게 한다.
- 조언을 늘어놓기보다 질문한 뒤 끝까지 듣는다.

아프고 난 뒤
자신감을 잃었어요

　민재는 학교 합창단에서 노래를 부르고 있었습니다. 무대에 서는 일이 즐거웠고, 사람들 앞에서 노래할 때마다 가슴이 두근거렸습니다. 합창단의 실력이 점점 향상되자, 민재는 솔로 파트를 맡겠다는 목표로 누구보다 열심히 연습했습니다.

　하지만 공연을 앞두고 갑작스러운 목의 통증을 겪으면서 마음이 흔들렸습니다. 목소리는 차츰 회복되었지만, 예전처럼 자신 있게 노래하지 못했습니다. 음이탈이 날까 두려워 목소리를 낮추었고, 무대 위에서도 시선이 자꾸 아래로 향했습니다.

　노래를 향한 열정은 여전했습니다. 그러나 자신감을 되찾기까지는 시간이 필요했습니다. 민재는 서두르지 않으려 했습니다. 다시 무대에 설 날을 기다리며, 조용히 자신의 호흡을 다듬고 있습니다.

새로운 목표로 시선을 옮기게 하자

무대에 서는 아이들에게 '목의 통증'은 운동선수의 부상과도 같습니다. 제가 아는 한 학생도 음악 콩쿠르에서 큰 주목을 받았지만, 공연 직전 갑작스러운 목의 이상으로 무대를 포기해야 했습니다. 그는 한동안 깊은 상실감에 빠졌습니다.

그때 저는 조심스럽게 물었습니다.

"이번 일을 통해 새로 깨달은 게 있나요? 이 시간을 통해 얻은 게 있다면 무엇일까요?"

누구나 갑작스러운 좌절 앞에서는 꿈이 무너진 것처럼 느껴집니다. 민재 역시 '이제 솔로 파트는 어렵겠구나'라는 생각에 마음이 무거웠을 것입니다.

하지만 정말로 그럴까요? 그런 생각은 대개 스스로 만들어 낸 두려움일 때가 많습니다. 조금만 시선을 바꾸면, 다시 무대에 오를 수 있는 길이 보입니다. 중요한 건, 그 가능성을 아이 스스로 깨닫게 돕는 일입니다. 이때 부모는 '이제 무엇을 할 수 있을까'라는 관점에서 다음 목표를 명확히 세우도록 격려하는 것이 중요합니다. 첫걸음은 언제나 질문에서 시작됩니다.

"지금 진심으로 바라는 게 뭐니?"

"빨리 회복해서 무대에 서고 싶어요."

"그럼 어떻게 하면 목을 더 잘 회복시킬 수 있을까?"

이런 대화가 아이 마음의 빗장을 엽니다. 이미 지나간 일은 되돌릴 수 없습니다. 중요한 건 '무엇을 잃었는가'가 아니라, '지금 무엇을 할 수 있는가'입니다. 목소리를 되찾기 위한 스트레칭, 충분한 휴식, 가벼운 호흡 연습 같은 작은 성취가 쌓이면 아이의 자신감은 다시 살아납니다.

이 시점에서 부모는 '다시 무대에 설 수 있다'는 희망을 꾸준히 일깨워 주어야 합니다. 부상에서 회복하면 꿈을 향한 문은 언제든 다시 열릴 수 있다는 믿음이 아이를 지탱하는 힘이 됩니다.

그리고 꼭 강조하고 싶은 점이 있습니다. 음성 문제는 의료적 조언이 중요하므로, 적어도 두 곳 이상의 병원에서 진단을 받아 보는 것이 좋습니다. 어떤 의사는 "몇 달은 쉬어야 한다"고 말할 수도 있고, 다른 의사는 "올바른 재활을 하면 더 빨리 회복될 수 있다"고 말할 수도 있습니다. 이처럼 아이에게 희망과 신뢰를 줄 수 있는 진단과 조언을 해 주는 의사를 만나는 것은, 치료의 방향을 바로잡고 회복 의지를 높이는 데 큰 도움이 됩니다.

결국 핵심은, 민재가 어려움을 딛고 더 단단해지도록 돕는 일입니다. 치료와 회복 계획을 함께 세우고, 하루하루 조금씩 좋아지는 변화를 느끼게 해 주세요. 그 과정에서 아이는 '나는 다시 노래할 수 있다'는 확신을 회복하게 됩니다. 그 믿음이 다시 무대를 향한 발걸음을 시작하게 할 것입니다.

💬 아이에게 이렇게 말하면 상처가 됩니다

- "부상당했다고 언제까지 끙끙댈 거야?"
- "그 정도 부상은 정신력으로 이겨내야지!"

💬 아이에게 이렇게 말하면 마음이 열립니다

- "앞으로는 어떻게 하고 싶니?"
- "이번 부상을 통해 어떤 점을 배우게 됐니?"

💬 아이의 마음을 움직이는 부모의 태도

- 부상 이후 다음 목표를 명확히 세우도록 격려한다.
- 부상에서 회복하면 꿈을 향한 문은 다시 열린다는 사실을 일깨워준다.
- 아이가 희망과 신뢰를 가질 수 있는 진단과 조언을 해 주는 의사를 찾는다.

좋아하던 선생님이 떠난 뒤
동아리를 그만두려 해요

육상부인 지연이는 요즘 들어 기록이 눈에 띄게 좋아지고 있었습니다. 아침 일찍 나와 운동장을 달리며, 땀에 젖은 하루를 보내는 일이 힘들었지만 즐거웠습니다. 무엇보다 늘 곁에서 격려해 주던 육상부 선생님이 큰 힘이 되었습니다.

그러던 어느 날, 선생님이 전근을 가게 되었다는 소식을 들었습니다. 처음에는 믿기지 않았지만, 사실임을 깨닫는 순간 마음이 무너졌습니다. "그 선생님이 아니면 안 돼"라는 생각이 떠나지 않았습니다. 운동장에 서 있어도 발이 떨어지지 않았고, 스타트라인 앞에서는 괜히 눈물이 맺혔습니다.

그러면서 어느새 발걸음이 무거워졌습니다. 선생님이 계시지 않는 운동장은 텅 빈 것처럼 느껴졌고, '나를 믿어준 사람'을 잃었다는 상실감이 마음을 짓눌렀습니다. 그렇게 지연이의 열정은 조용히 식어가고 있습니다.

스스로 해답을 찾는 아이가 결국 강해진다

선생님이 바뀐 뒤 의욕이 떨어지는 것은 아이들에게서 자주 일어나는 일입니다. 그것은 단순히 새로운 환경에 적응하지 못해서가 아니라, 특정 선생님에게 깊이 의지하고 있었다는 뜻이기도 합니다.

하지만 좋은 선생님을 만났다고 저절로 성장할까요? 그건 아닙니다. 사실 진짜 성장은 선생님의 지도를 발판 삼아 스스로 방법을 고민하고 연구하는 과정 속에서 이루어집니다. 누군가가 대신해 줄 수 없는 자기 탐구의 시간이 결국 실력을 단단히 만드는 힘이 되는 것입니다.

다른 사람에게는 잘 맞지 않아 보여도 자신에게는 꼭 맞는 방식이 있다면, 그것이 바로 정답입니다. 그래서 저는 아이들을 예술가이자 탐험가라고 생각합니다. 예술가는 자신만의 색을 찾아내고, 탐험가는 아무도 밟지 않은 길 위에서 방향을 정합니다. 공부든 예술이든, 결국 자기만의 리듬과 방식으로 성장해 가는 것이 중요합니다.

이때 부모의 역할은 지나친 간섭이 아니라, 아이가 스스로 리듬을 찾아가도록 기다려 주는 것입니다. 작은 일까지 지시하거나 대신해 주면 주체성은 자라지 않습니다.

해마다 교육 현장과 예술계에서는 새로운 시도와 방법이 등장합니다. 그러나 그 가운데 진짜 빛나는 사람은 누군가의 방식을 그대로 따르지 않고, 스스로 사고하며 자신만의 길을 만들어 가는 이들입니다.

대표적으로 한국의 피아니스트 조성진 씨를 예로 들 수 있습니다. 그는 콩쿠르에서 화려한 성적을 거두었지만, 늘 "누군가의 연주를 닮고 싶지 않다."고 말했습니다. 남이 정해준 해석이 아니라, 자신이 느끼는 소리와 감정을 끝없이 탐구하며 자신만의 음악 세계를 구축해 왔습니다. 그런 깊이와 꾸준함이 결국 그를 세계적인 음악가로 만든 것입니다.

이처럼 스스로 길을 찾는 사람의 공통점은, 자신을 끝까지 믿고 묵묵히 지켜봐 준 이가 있었다는 점입니다. 부모가 애정을 담아 곁에서 꾸준히 지켜봐 줄 때, 아이는 언제든 다시 도전할 수 있다는 내적 안정감을 얻게 됩니다.

또한 아이에게 꼭 알려주어야 할 것이 있습니다. 선생님이나 지도자의 말이 언제나 절대적인 정답은 아니라는 점입니다. 기초를 다지는 시기에는 지도를 충실히 따르는 것이 필요하지만, 그 단계를 지나면 스스로 질문하고 자신에게 맞는 해법을 찾아

　　　　　　　불안의 시간을 건너는 너를 지키는 말

야 합니다.

"선생님이 왜 이렇게 말씀하셨을까?"라고 생각하며 배우는 아이는 점점 주체적인 학습자로 성장합니다. 반대로 "좋은 선생님이 없으니 난 발전할 수 없어."라는 생각에 머문다면 그 순간부터 성장은 멈추게 됩니다.

아이를 키운다는 것은 끊임없이 관찰하고, 믿고, 기다려 주는 일입니다. 나무를 돌보듯 정성을 다해 지켜보는 그 시간 속에서, 아이는 비로소 자신만의 속도로 자라납니다. 결국 진짜 성장은 누가 가르쳐주느냐보다, 누가 끝까지 믿어주느냐에 달려 있습니다.

💬 아이에게 이렇게 말하면 상처가 됩니다

- 그렇게 의지가 약해서 뭘 하겠니?
- 선생님이 누구든 그게 왜 중요한데

💬 아이에게 이렇게 말하면 마음이 열립니다

- 요즘 활동할 마음이 잘 안 드는 이유가 뭘까?
- 너만의 방식으로 다시 시작해 보는 게 어떨까?

💬 아이의 마음을 움직이는 부모의 태도

- 스스로 방법을 고민하고 연구할 때 비로소 실력이 깊어진다는 사실을 깨닫게 한다.
- 주체성을 기르려면 일상의 작은 일까지 지나치게 간섭하거나 지시하지 않도록 유의한다.
- 애정을 담아 곁에서 꾸준히 지켜봐 준다.

지적을 받으면
흥미를 잃어요

지수는 그림 그리기를 좋아했습니다. 그러나 미술 전공자인 엄마는 지수가 스케치를 할 때마다 붓 터치나 구도를 자꾸 지적했습니다.

"이건 너무 어둡다."

"비율이 안 맞잖니."

처음엔 도움이 된다고 생각했지만, 지적이 쌓이자 지수는 점점 자신감을 잃었습니다. 결국 어느 날 말했습니다.

"엄마, 나 이제 그림 안 그리고 싶어."

그제야 엄마는 깨달았습니다. 아이에게 필요한 건 지적이 아니라, 그리는 과정을 즐길 수 있도록 지켜봐 주는 마음이라는 것을.

지적보다 '개선의 방향'을 알려 주자

미술 학원에서 수업이 끝나면, 아이들이 서로의 작품을 보며 이런저런 이야기를 나누는 경우가 있습니다.

"이건 색이 예쁘다."

"여긴 조금 이상해 보여."

선생님도 잘된 점과 아쉬운 점을 함께 짚어 주지요. 겉보기엔 좋은 방법 같지만, 사실 누구나 "이건 잘못됐어."라는 말을 들으면 마음이 조금 상하기 마련입니다.

집에서도 마찬가지입니다. 엄마는 아이의 그림 실력이 조금이라도 나아지길 바라는 마음에 조언하고 고쳐주려 하지만, 그런 지적이 반복되면 아이는 점점 붓을 잡기 싫어하게 됩니다. 이럴 때는 잘못을 지적하기보다. 함께 어떻게 개선할 수 있을지를 찾아보는 것이 훨씬 효과적입니다. '어디가 틀렸는가'보다 '어떻게 더 좋아질 수 있을까'를 함께 고민할 때 아이는 비로소 배우는 즐거움을 느낍니다.

그래서 지적이나 훈계보다는 아이가 다시 스케치를 시작하고 싶어지도록 말해 주는 것이 훨씬 중요합니다.

"이 부분 색감이 독특해서 좋아. 여기에 조금 더 명암을 넣으면 훨씬 생생하겠다."

이런 식으로 말하면 아이는 '아, 내가 조금만 더 하면 더 좋아질 수 있겠구나.' 하고 희망을 느낍니다.

저는 아이들에게 무언가를 가르칠 때 절대 '잘못했다'는 표현을 쓰지 않습니다. 반성보다는 개선의 방향을 제시하는 데 집중합니다. 부정적인 피드백은 의욕을 꺾고, 창의적인 시도를 주저하게 만들기 때문입니다. 대신 "이 부분은 다듬을 여지가 많네. 이렇게 하면 다음엔 더 멋지게 나올 거야." 같은 말을 해 줍니다. 그러면 아이는 자신이 성장할 수 있다는 믿음을 갖게 됩니다.

단점보다 장점을 먼저 찾아 칭찬해 주면, 그 안에서 자연스럽게 성장의 동기가 싹틉니다. '이건 잘했어.'라는 한마디가 아이의 내면에 스스로 더 잘하고 싶다는 열망을 키워 줍니다.

같은 말이라도 표현의 방식이 다르면 결과는 완전히 달라집니다.

"이 그림은 생동감이 부족해."라는 말 대신 "여기에 조금 더 밝은 색을 넣으면 훨씬 살아나겠다."라고 말해보세요. 후자의 말이 아이의 마음을 움직이고, 다시 붓을 들게 하는 힘이 됩니다.

또한, 아이가 집중할 때는 옆에서 조용히 지켜봐 주는 것도 큰 응원이 됩니다. 굳이 칭찬이나 조언을 덧붙이지 않아도, "네가 그리는 걸 보고 있으면 나도 즐겁다"는 마음을 전하세요. 결과보다 과정을 함께 바라봐 주는 태도는 아이에게 '나는 존중받고 있다'는 깊은 신뢰를 심어 줍니다. 결국 아이는 말로 가르치는 부모보다, 따뜻한 시선으로 응원해 주는 부모에게서 창의력과 자신감을 배웁니다.

💬 아이에게 이렇게 말하면 상처가 됩니다

- 항상 이 부분에서 실수를 하네.
- 색감이 너무 밋밋하잖아. 좀 더 생동감 있게 칠해 봐.

💬 아이에게 이렇게 말하면 마음이 열립니다

- 이 부분 색을 조금만 다듬으면 그림이 훨씬 더 살아나겠다.
- 네가 그린 부분 중에서 제일 마음에 드는 곳이 어디야?

💬 아이의 마음을 움직이는 부모의 태도

- 잘못을 지적하기보다 함께 개선할 수 있는 방법을 찾아본다.
- 아이가 위축되지 않도록 희망과 자신감을 북돋는 말을 건넨다.
- 자연스럽게 성장할 수 있는 동기가 싹트도록 단점보다 장점을 먼저 찾아 칭찬해 준다.

자존심이 강해
남의 말을 잘 듣지 않아요

민서는 언제나 자신이 옳다고 믿습니다. 부모가 아무리 조언을 해도 들으려 하지 않고, 단 한 번의 타협조차 허락하지 않습니다. 친구가 경기에서 활약하거나 좋은 성적을 거두면 진심으로 축하하기보다 험담을 합니다.

"운이 좋았을 뿐이야."

그 말에는 부러움과 불안이 뒤섞여 있습니다. 하지만 정작 민서는 스스로 무언가에 도전해 본 적이 거의 없습니다. 실패가 두렵고, 남의 평가가 신경 쓰이기 때문입니다. 그저 비켜선 자리에서 세상을 재단하며 자신의 옳음을 증명하려 애쓸 뿐입니다.

때로는 그런 태도가 단단함처럼 보이지만, 사실은 상처받지 않기 위한 방어일지도 모릅니다. 민서는 마음 깊은 곳에서는 누군가의 인정이, 그리고 용기가 간절히 필요한 아이입니다.

결과보다 '과정'을 칭찬하자

자존심이 강한 아이들에게는 몇 가지 공통점이 있습니다. 사소한 말 한마디에도 쉽게 상처받고, 실패가 두려워 새로운 일에 선뜻 나서지 못하며, 자신을 과도하게 의식합니다.

이런 아이의 마음 밑바닥에는 대개 '결과만 보는 시선 속에서 자란 경험'이 자리하고 있습니다. 공부를 열심히 해도 100점을 받아야 칭찬받고, 80점을 받으면 "조금 더 열심히 하지 그랬어."라는 말을 듣습니다. 이런 반복 속에서 아이는 점점 이렇게 믿게 됩니다.

"나는 성적이 좋을 때만 사랑받을 수 있어."

결과가 곧 존재의 가치가 되는 세상에서 아이는 불안합니다. 조금만 성적이 떨어져도 자존심에 금이 가고, 부모의 시선이 차가워질까 두렵습니다. 그래서 자신이 '잘하는 일' 외에는 손대지 않으려 하고, 도전 대신 회피를 선택합니다. 실패가 곧 자신을 부정당하는 일처럼 느껴지기 때문입니다.

이럴수록 부모는 끝까지 포기하지 않고 해낸 과정을 먼저 칭찬해 주어야 합니다. 결과보다 과정에 초점을 맞추는 순간, 아이는 '나는 성적과 상관없이 인정받는 존재구나.'라는 안도감을 얻게 됩니다.

자존심은 언제나 타인의 평가를 통해 세워집니다. 누군가의 기준에 기대야 존재할 수 있기에, 본질적으로 약하고 쉽게 흔들립니다. 그에 반해 자존감은 스스로를 존중하는 마음에서 비롯됩니다. 잘한 일뿐 아니라 부족한 부분까지도 자신 안의 일부로 받아들이는 힘, 즉 '결과'가 아니라 '존재'로서 자신을 사랑하는 마음 바로 자존감입니다.

자존감이 높은 아이는 스스로를 믿기 때문에 도전을 두려워하지 않습니다. 실패해도 자신이 무가치해지지 않는다는 걸 알고 있으므로, 타인의 의견에도 열린 마음으로 귀를 기울입니다.

반대로 자존심이 강한 아이는 겉으로는 당당해 보여도, 그 속에는 낮은 자존감과 깊은 열등감이 숨어 있습니다. 허세와 완벽주의는 그 상처를 가리기 위한 방패일 뿐입니다.

아이가 상심할 때 부모의 역할은 아이의 마음을 먼저 이해하고 품어 주는 것입니다. 결과가 아니라 과정을 바라봐 주세요. 점수가 기대에 미치지 않아도 "열심히 했구나.", "끝까지 포기하지 않았구나."라고 인정해 주는 한마디가 아이에게는 세상의 어떤 칭찬보다 큰 위로가 됩니다.

💬 아이에게 이렇게 말하면 상처가 됩니다

- 1등이 아니면 아무 의미 없는 게 현실이야. 다음번에는 꼭 1등 해야 돼.
- 그렇게 열심히 했는데도 점수가 고작 이거야?

💬 아이에게 이렇게 말하면 마음이 열립니다

- 열심히 노력했으면 된 거야.
- 실패해도 아무 일도 안 일어나니 다시 해 봐.

💬 아이의 마음을 움직이는 부모의 태도

- 완벽한 성적이 아니어도, 포기하지 않고 끝까지 해낸 과정을 먼저 칭찬해 준다.
- 잘한 부분과 부족한 면을 구분하지 않고 아이가 그 자체로 소중한 존재임을 느끼게 한다.
- 실패가 끝이 아니라 새로운 시작이라는 걸 믿게 하고 마음을 편히 먹을 수 있도록 안심시킨다.

스마트폰에 빠져
공부에 집중하지 못해요

민서는 요즘 방에만 틀어박혀 있습니다. 문을 살짝 열어 보면 책상 앞에 앉아 스마트폰만 들여다보고 있죠.

"그만 좀 하고 나와서 밥 먹자."라고 부르면, 민서는 고개도 들지 않은 채 "조금만 더요."라고 대답합니다. 그 말이 반복되다 보면, 어느새 말문이 막히고 문이 닫힙니다.

휴대폰 불빛 아래 고개 숙인 아이를 바라보면 마음이 무겁습니다. 사춘기의 한 과정을 뿐이라고 스스로를 다독여 보지만, 예전처럼 눈을 맞추며 웃던 시간이 그리워집니다. 오늘도 나는 문 앞에 서서 조용히 숨을 고르며, 민서의 마음이 다시 가족들에게 향하기를 기다립니다.

스마트폰 집착은 마음의 SOS일 수 있다

학교 앞에서 친구들과 모여 있는 아이들을 보면 서로의 얼굴보다 손에 쥔 화면을 더 오래 바라봅니다. "다들 쓰니까 나도 사줘."라는 말에 부모의 마음은 흔들립니다. 처음엔 친구들과 소통하라고, 혹은 GPS 기능으로 안전을 지킬 수 있으니 괜찮겠지 싶어 건네지만, 문제는 그다음부터입니다.

처음엔 단순한 재미였지만 어느새 공부는 뒷전이 되고, 가족의 대화는 줄어들며 시선은 스마트폰에만 머물기 쉽습니다.

이럴 때 부모가 먼저 해야 할 일은 감정적으로 꾸짖는 것이 아니라, 아이의 속마음을 들어 주는 것입니다. 스마트폰을 붙잡는 이유가 단순한 습관인지, 혹은 외로움이나 스트레스 때문인지를 이해하려는 태도에서 대화의 문이 열립니다.

물론 걱정이 쌓이다 보면 부모는 화를 내기 쉽습니다.

"그만 좀 해라, 휴대폰 내려놔라."

그러나 이렇게 말하는 순간 아이는 마음의 문을 닫고 방으로 들어갈 것입니다. 스마트폰을 뺏는다고 해결되지 않는 이유가 여기에 있습니다. 이제는 단순한 사용의 문제가 아니라 부모와 자녀 간 신뢰의 균열로 번지기 때문입니다.

따라서 스마트폰 문제를 '통제'의 영역이 아니라 '소통'의 영역으로 옮겨야 합니다. 감정적인 단속보다 충분한 대화를 통해 함께 해결 방법을 찾는 것이 우선입니다.

이때 아이와 함께 규칙을 세우는 과정은 필수입니다. 하루 한 시간 이내 사용하기, 저녁 9시 이후엔 서랍에 넣기, 식사나 공부할 때는 손에서 내려놓기 등 구체적인 약속을 함께 정해 보세요. 아이 스스로 참여하면, 그 규칙은 감시가 아니라 '약속'이 됩니다.

이 과정에서 가장 중요한 것은 부모가 일방적으로 정하지 않고, 아이와 함께 '합의'하는 것입니다. 규칙은 지시가 아니라 '우리의 약속'이라는 인식이 생길 때 비로소 지켜집니다.

요즘은 유료 결제 차단이나 유해 사이트 제한 기능을 가진 관리 앱도 있습니다. 하지만 중요한 건 통제가 아니라 이해와 설득입니다.

"이건 너 자신을 보호하기 위한 약속이야."

이 한마디는 아이가 스스로 스마트폰을 관리할 수 있는 힘을 키우게 합니다.

"요즘 뭐 힘든 일이라도 있니?"

부모의 태도 역시 말만큼 중요합니다. 무엇을 보고 누구와

　　　　　　　　　　불안의 시간을 건너는 너를 지키는 말

이야기하는지 지적하지 않고 조용히 살피는 것만으로도 아이는 존중받는다고 느낍니다. 또 부모가 먼저 모범을 보이는 태도가 필요합니다. 식사나 대화 중에 스마트폰을 내려놓는 부모의 모습은 어떤 말보다 강력한 메시지가 됩니다.

일관되면서도 따뜻한 태도는 아이에게 "나는 신뢰받고 있다"는 확신을 주고, 그것은 스마트폰보다 더 단단한 관계의 울타리를 만들어 줄 것입니다.

💬 아이에게 이렇게 말하면 상처가 됩니다

- 너는 폰 없으면 아무것도 못하지?
- 너 폰 보고 있는 시간에 다른 애들은 공부해.

💬 아이에게 이렇게 말하면 마음이 열립니다

- 스마트폰 사용하는 시간을 정해 놓는 게 좋지 않을까?
- 요즘 폰을 자주 보는 것 같은데 혹시 무슨 걱정거리라도 있어?

💬 아이의 마음을 움직이는 부모의 태도

- 감정적으로 꾸짖기보다 먼저 아이의 속마음을 들어 준다.
- 아이와 충분히 대화하며 가정 안에서 함께 스마트폰 사용 규칙을 정한다.
- 혹시 스트레스를 받거나 불안해하고 있지는 않은지 세심하게 살펴본다.

아침마다 일어나기
힘들어해요

민재는 요즘 아침마다 전쟁을 치릅니다. 시간이 촉박한 걸 알면서도 침대 위 따뜻한 이불 속에서 쉽게 나오질 못합니다. 엄마가 방문을 열고 다급히 불러도, 민재는 "조금만 더……."라는 말만 중얼거리며 이불 속에서 몸을 웅크립니다. 그 사이 학교까지 가는 버스 시간은 놓쳐버리기 일쑤입니다.

최근 들어 지각하는 날도 부쩍 잦아지면서 엄마의 한숨도 깊어졌습니다. 습관이 된 게으름 때문인지, 아니면 마음속 어딘가에 이유 모를 피로가 쌓여 있는 건지— 이유를 알 수 없는 엄마는 오늘도 문 앞에서 잠시 서성이다 살짝 문을 닫으며 아들의 하루를 걱정합니다.

습관보다 원인을 먼저 살펴보자

왜 아침에 일어나지 못할까요? 이유는 여러 가지일 수 있지만, 대부분은 단순합니다. 늦게까지 잠들지 못하기 때문입니다.

아이를 일찍 잠자리에 들게 하려면 단순히 "빨리 자라"는 말로는 부족합니다. 잠들기 전의 작은 습관, 늦은 간식이나 스마트폰 사용, 하루의 긴장이 충분히 풀리지 않은 마음— 이 모든 것이 잠을 늦추는 이유가 됩니다.

이럴 때 부모는 겉으로 드러난 행동만 보고 꾸짖기보다, 아이가 왜 그렇게 늦게까지 깨어 있는지를 먼저 살펴야 합니다. 단순한 게으름이 아니라, 마음속 불안이나 스트레스가 원인일 수도 있습니다. 따라서 행동 자체보다 그 안의 마음을 보는 노력이 필요합니다.

저는 상담을 하며 수많은 학생을 만나왔습니다. 그중 한 대학생이 기억에 남습니다.

"요즘은 아무 의욕이 생기지 않아요."

그의 목소리는 지쳐 있었고, 표정은 공허했습니다. 그래서 물었습니다.

"아침엔 몇 시에 일어나나요?"

"8시쯤이요."

"그럼 밤엔 몇 시쯤 잠들어요?"

"새벽 3시요."

좋은 결과를 얻지 못해 쌓여만 가는 스트레스 때문에 하루가 무너지고, 성적은 떨어지고, 그 현실이 또다시 불안을 키우는 악순환 속에 갇혀 있었습니다. 심지어 "아침을 맞기가 두렵다"고 말하는 이도 있습니다.

아이들도 다르지 않습니다. 겉으로는 단순히 게으른 듯 보여도, 속에서는 불안, 두려움, 스트레스가 얽혀 있는 경우가 많습니다. 그래서 부모가 해야 할 일은 행동의 '결과'를 혼내는 것이 아니라, 그 행동의 '이유'를 찾아주는 것입니다. 아이의 늦잠은 마음의 피로가 보내는 SOS 신호일 수도 있습니다. 그 신호를 꾸지람으로 덮어버리면, 아이는 점점 더 의욕을 잃고 스스로를 탓하게 됩니다.

또한 부모도 늦게까지 깨어 있는 습관을 줄이는 노력이 필요합니다. 가족 모두가 일정한 시간에 불을 끄고, 함께 아침을 맞는 일상은 그 자체로 아이의 수면 패턴을 바로잡는 힘이 됩니다. 부모가 먼저 건강한 수면 리듬을 만들어 주면, 아이의 마음도 자연스럽게 안정될 것입니다.

💬 아이에게 이렇게 말하면 상처가 됩니다

- 또 늦잠 자려고 그래? 빨리 좀 자지?
- 또 시작이네, 얼른 일어나. 지각이야.

💬 아이에게 이렇게 말하면 마음이 열립니다

- 아침에 일어나기가 왜 그렇게 힘들까?
- 학교에서 무슨 걱정거리라도 있니?

💬 아이의 마음을 움직이는 부모의 태도

- 겉으로 드러난 행동만 책망하기보다 아이가 왜 그런 모습을 보이는지 마음을 먼저 헤아려 준다.
- 아이의 감정 변화를 세심하게 관찰하며 작은 신호도 놓치지 않도록 주의를 기울인다.
- 부모도 늦게까지 깨어 있는 습관을 줄이고 가정 전체가 건강한 수면 리듬을 만들 수 있도록 노력한다.

무슨 말에도 '별로', '그러든지' 같은 반응뿐이에요

지우는 요즘 학교가 끝나면 곧장 집으로 돌아옵니다. 친구들과 어울리거나 동아리 활동에 참여하던 예전 모습은 점점 사라지고, 이제는 방 안에서 게임을 하거나 TV를 켜둔 채 조용히 시간을 흘려보내는 일이 많아졌습니다.

겉으로 보기엔 편하고 느긋해 보이지만, 그 안에는 무언가를 향한 열정이 식어버린 마음이 숨어 있습니다. 하고 싶은 일도, 해야 할 일도 모두 의미를 잃은 듯 하루하루가 단조롭게 지나갑니다.

부모는 그런 지우를 바라보며 마음이 무겁습니다.

'이렇게 지내도 괜찮을까?'

'혹시 힘든 일이 있는 건 아닐까?'

불안이 커질수록 걱정은 깊어지지만, 괜히 다그치면 아이가 더 멀어질까 두려워 문 앞에서 발걸음을 멈추곤 합니다.

억지로 열지 말고, 마음이 열릴 때까지 기다리자

항상 방 안에서 뒹굴거리며 시간을 보내는 지우를 보면, 부모는 가슴이 답답해집니다. 스포츠든 음악이든, 뭐든 좋으니 "하고 싶다"는 의욕을 한 번쯤은 보여 주면 좋겠다고 생각하지요. 그런 마음은 충분히 이해됩니다.

하지만 지우는 늘 건성으로 "몰라요.", "딱히 없어요."라고 대답합니다. 이럴 때 부모가 조급한 마음에 아이에게 집요하게 캐묻거나, 대답을 강요하는 것은 금물입니다. 대화는 대답을 얻기 위한 수단이 아니라 마음을 여는 과정이기 때문입니다.

아이의 침묵엔 이유가 있습니다. 무엇이든 스스로 말할 수 있을 때가 오기 전에는 억지로 마음의 문을 열어서는 안 됩니다. 조용히 기다려주는 것이 때로는 가장 깊은 신뢰의 표현이 될 수 있습니다.

부모가 만든 따뜻한 분위기 속에서 아이는 '괜찮다'는 안도감을 느끼며 점차 자신의 이야기를 꺼내게 됩니다.

아이는 예기치 않은 순간에 마음을 움직입니다. TV 드라마의 한 장면에서, 좋아하는 음악의 멜로디 속에서 "나도 저런 걸 해 보고 싶다'는 감정이 피어나기도 하지요. 그때 부모가 "재미있겠네.", "너라면 잘할 거야."라고 따뜻하게 응원해 준다면, 그 말 한마디가 아이를 앞으로 나아가게 하는 불씨가 됩니다.

반대로, 아이가 한 걸음을 내디딘 순간조차 인정하지 않는 부모도 있습니다. 제가 운영했던 워크숍에서도 그런 일이 있었습니다.

"우리 아들은 어떤가요?" 라고 묻는 어머니께 "무척 순수하고 도전정신이 있는 아이입니다. 앞으로가 기대돼요."라고 말씀드렸더니, 그분은 곧바로 이렇게 말했습니다.

"아니에요, 아직 한참 멀었어요."

그 말을 듣는 동안 아이는 고개를 푹 숙였습니다. 어머니의 부정이 곧 자기 부정처럼 느껴졌던 것이지요. 그 모습을 보며 마음이 아팠습니다.

"맞아요, 열심히 노력하고 있어요."

그 한마디면 충분했습니다.

부모의 인정과 신뢰가 아이의 의욕을 불러일으킵니다. 지우 또한 마찬가지입니다. 믿고 기다려 주는 자세를 가진다면, 그는 머지않아 스스로 세상으로 나아가기 시작할 것입니다.

💬 아이에게 이렇게 말하면 상처가 됩니다

• 언제까지 그렇게 빈둥대기만 할 건데?
• 뭐라도 해야 되지 않겠니?

💬 아이에게 이렇게 말하면 마음이 열립니다

• 너라면 분명 해낼 수 있을 거야.
• 지금 당장 잘되지 않아도 괜찮아. 늘 응원하고 있어.

💬 아이의 마음을 움직이는 부모의 태도

• 아이에게 집요하게 캐묻거나 대답을 강요하지 않는다.
• 무언가에 관심을 보이면 '너라면 할 수 있을 거야.' 라는 믿음을 보이며 격려한다.
• 아이의 마음이 가벼워질 수 있도록 편안하게 쉴 수 있는 따뜻한 분위기를 만들어 준다.

예전엔 성적이 좋았는데
요즘은 의욕을 잃었어요

시호는 한때 반에서 늘 상위권을 놓치지 않는 성실한 학생이었습니다. 공부에 대한 의욕도 강했고, 선생님이 내주는 과제마다 꼼꼼히 해내며 스스로에 대한 자부심도 컸습니다. 하지만 중학교 입시를 준비하는 시기가 다가오자 분위기가 달라졌습니다. 주말마다 학원을 오가고, 새로운 문제집을 들고 다니는 친구들이 하나둘 늘어나면서 시호의 마음속에도 불안이 피어올랐습니다.

'나도 학원을 다녀야 하나?'

'지금처럼 해서는 뒤처지는 건 아닐까?'

불안은 곧 집중력의 저하로 이어졌습니다. 책상 앞에 앉아도 마음은 자꾸 흔들리고, 예전엔 한 번 보면 외워지던 내용도 머릿속에 잘 들어오지 않았습니다. 성적표를 받을 때마다 자신감은 조금씩 무너졌고, "괜찮아, 다시 하면 돼."라는 말조차 이제는 위로가 되지 않습니다.

스스로 다시 일어설 때까지 조용히 지켜보자

소중한 우리 아이가 좌절을 겪지 않았으면 좋겠다는 마음, 그 마음은 너무나 자연스럽습니다. 그래서일까요. 넘어지기 전에, 상처받기 전에, 미리 장애물을 치워주려는 부모님들을 자주 만나게 됩니다.

하지만 아이에게 좌절은 결코 피해야 할 일이 아닙니다. 실패와 좌절 속에는 배우고 성장할 기회가 숨어 있습니다. 넘어져 본 사람만이 다시 일어서는 법을 배우고, 그 과정에서 자신만의 단단한 힘을 얻게 됩니다.

저 역시 20대 시절 수없이 좌절을 겪었습니다. 그때는 괴롭고 부끄러웠지만, 돌이켜보면 그 경험들이 지금의 나를 만든 밑거름이었습니다. 아이에게도 그런 시간이 반드시 필요합니다.

그럴 때 부모가 해야 할 일은 서두르거나 억지로 끌어내려 하지 않고, 아이가 마음과 몸을 충분히 쉴 수 있도록 느긋한 시간을 허락하는 것입니다. 아이가 침묵하거나 무기력해 보여도, 그것은 스스로 회복하려는 내면의 과정일 수 있습니다. 평소처

럼 자연스럽게 대하며 조용히 곁을 지켜주는 태도가 오히려 가
장 큰 힘이 됩니다.

부모로서 아이가 힘들어할 때 도와주고 싶은 마음, 그 사랑
은 당연합니다. 하지만 때로는 가만히 내버려 두는 용기가 필요합
니다. 여유가 없는 마음엔 조언보다 휴식이 먼저이기 때문입니다.

공부에 지친 아이들에게 저는 종종 이렇게 말합니다.

"지금은 아무것도 하지 말고 그냥 쉬어도 돼요."

머릿속이 복잡하고 마음이 무거울 때는 억지로 집중하려 하
기보다 잠시 멈추는 게 오히려 더 큰 힘이 됩니다. 휴식은 게으
름이 아니라 회복의 과정입니다. 아이가 편히 쉴 수 있는 환경
을 만들어 주고, '괜찮다'는 메시지를 전할 때 마음의 긴장이 풀
리며 다시 일어설 힘이 자라날 것입니다.

사실 놀랍게도 사람은 오래 쉬지 못합니다. 충분히 쉰 사람
일수록 어느 순간 다시 일어나고 싶어집니다. 쉬는 시간은 멈춤
이 아니라 회복을 준비하는 시간이기 때문입니다.

부모의 입장에서 지켜보기만 하는 건 쉽지 않지만, 아이가
스스로 다시 일어설 힘이 있다는 것을 믿어 주세요. 따뜻한 눈
빛으로 곁에 있어 주는 것, 그것만으로도 아이는 다시 걸어갈
용기를 얻습니다. 그리고 때로는 자연 속으로 데려가 보세요. 초
록빛 나무와 맑은 공기 속에서 굳게 닫힌 마음이 조금씩 풀리
고 새로운 의욕이 다시 피어나기 시작할 것입니다.

💬 아이에게 이렇게 말하면 상처가 됩니다

- 언제까지 이렇게 풀 죽어 있을 건데?
- 지금처럼 멈춰 있으면 넌 무조건 뒤처질 거야.

💬 아이에게 이렇게 말하면 마음이 열립니다

- 지금까지 열심히 했잖아. 잠깐 쉬어가도 괜찮아.
- 답답하면 같이 산책이라도 할까?

💬 아이의 마음을 움직이는 부모의 태도

- 아이의 마음과 몸이 충분히 쉴 수 있도록 느긋한 시간을 허락한다.
- 평소처럼 자연스럽게 대하며 억지로 끌어내려 하지 않는다.
- 산이나 바다처럼 탁 트인 자연으로 데려가 마음의 공기를 바꿔 준다.

코치의 한 줄 통찰: 의욕은 통제로 생기지 않는다. 스스로 선택했다고 느낄 때 비로소 자란다.

아이의 학습 의욕이 떨어졌을 때, 많은 부모는 이렇게 말합니다.
"공부 좀 해라."
"게임은 나중에 하고, 숙제부터 끝내."
"네가 잘돼야 나중에 후회하지 않아."
하지만 이런 말들이 아이의 마음을 움직이는 일은 거의 없습니다. 오히려 "싫어.", "몰라.", "그냥" 같은 무기력한 대답만 돌아올 때가 많지요. 이유는 단순합니다. 아이의 행동이 '스스로의 선택'이 아니라, 누군가의 명령이나 기대에 대한 반응이 되어버렸기 때문입니다.

1. 자율성은 의욕의 뿌리다

교육심리학자 데시(Deci)와 라이언(Ryan)은 인간의 행동을 설명하는 핵심 요인으로 '자율성(autonomy)', '유능감(competence)', '관계성(relatedness)'을 제시했습니다. 이 세 가지가 충족될 때, 사람은 내면에서 스스로 동기를 만들어 낼 수 있다고 말합니다. 그중에서도 자율성은 가장 중요한 기둥입니다.

아이가 "내가 선택했다"고 느끼는 순간, 그 행동은 외부의 지시가 아닌 내면의 동기로 바뀝니다. 그래서 같은 공부라도 "엄마가 시켜서 한다."와 "내가 해야겠다고 생각해서 한다."의 차이는 큽니다. 전자는 짐처럼 느껴지지만, 후자는 스스로의 책임이자 도전으로 바뀌지요. 이 차이가 바로 의욕을 살리고, 지속하게 만드는 결정적 요인입니다.

2. 통제는 단기적 효과만 낸다

많은 부모가 통제를 포기하지 못하는 이유는, '즉각적인 효과'를 보기 때문입니다.

"지금 숙제 안 하면 휴대폰 뺏는다."

이 말 한마디에 아이는 책상으로 가서 억지로 교과서를 펼칩니다. 겉으로 보면 목표를 달성한 것 같지만, 그건 진짜 '공부하는 마음'이 아니라 '벌을 피하려는 행동'일 뿐입니다. 이런 방식의 동기부여는 오래 가지 못합니다. 외부 통제는 잠시 아이를 움직일 수 있지만, 시간이 지나면 점점 더 강한 자극 없이는 움직이지 않게 됩니다. 결국 '스스로'라는 동력은 사라지고, 누군가의 지시 없이는 아무것도 하지 못하는 아이로 성장할 위험이 큽니다. 의욕은 통제에서 나오지 않고 신뢰의 결과로 나타납니다. 부모가 아이의 선택을 믿어줄 때, 아이는 '책임감'을 배우며 그 책임감은 강요된 의무보다 훨씬 오래 갑니다.

3. 선택의 경험이 자존감을 만든다

자율성은 단지 '내가 하고 싶은 걸 하는 자유'가 아닙니다. 선택한 결과를 스스로 감당하고, 그 안에서 성장하는 힘을 기르는 과정입니다. 예를 들어 아이가 숙제를 미루고 놀다가 선생님께 혼났다고 합시다. 이때 부모가 대신 변명하거나 해결해 주면 아이는 선택의 결과를 체험할 기회를 잃습니다. 반대로 "그래, 이번엔 네가 선택한 일이니까 스스로 책임져야지." 이렇게 말할 수 있다면, 아이는 처음으로 '자기결정의 무게'를 느낍니다.

그 무게는 결코 아이를 짓누르지 않습니다. 오히려 자존감의 기반이 됩니다.

이 감각이 생길 때, 아이의 내면에는 스스로 움직일 수 있는 에너지가 생겨납니다.

4. 진짜 자율성은 '방임'이 아니다

자율성을 존중한다는 말은 무조건 "네 마음대로 해라"가 아닙니다. 자율성은 '선택의 여지를 주되, 방향을 제시하는 것'입니다. 예를 들어, "숙제 먼저 해!" 대신 숙제 끝내고 쉴래, 아니면 잠깐 쉰 뒤에 할래?" 이렇게 물어보는 것만으로도 아이에게는 '내가 결정했다'는 감각이 생깁니다.

부모는 틀을 제시하되, 그 안에서 아이가 주체적으로 결정할 수 있도록 여지를 남겨야 합니다. 이 작은 선택의 경험이 쌓이면, 아이는 스스로 판단하고 행동하는 힘을 배우게 됩니다. 자율성은 '방임'이 아니라 '구조화된 존중' 속에서 꽃을 피웁니다. 그 구조가 탄탄할수록, 아이의 내면은 더 자유롭게 성장합니다.

5. 유능감과 관계성, 자율성을 지탱하는 두 축

자율성이 건강하게 작동하기 위해선 함께 성장하는 두 축이 필요합니다. 바로 '유능감(competence)'과 '관계성(relatedness)'입니다. 아이에게 아무리 자유를 줘도 자신이 잘할 수 없다고 느끼면 금세 의욕이 꺼집니다. 따라서 자율성과 함께 '할 수 있다'는 경험을 만들어 주는 것이 중요합니다.

성공의 경험이 곧 유능감으로 이어지고, 유능감은 다시 자율성을 강화시킵니다. 또한, 관계성은 자율성을 따뜻하게 지탱하는 토양입니다. 부모가 아이의 선택을 신뢰하고 존중해 줄 때, 아이는 자유를 '고립'이 아닌 '지지'로 느낍니다.

"나는 혼자가 아니다. 나를 믿어주는 사람이 있다."

이 믿음이 자율성을 두려움이 아닌 성장의 발판으로 만들어 줍니다.

6. 부모의 통제 욕구는 '불안'에서 온다

많은 부모가 아이를 통제하려는 이유는 결국 불안 때문입니다.

"혹시 실패하면 어쩌지?"

"다른 아이들보다 뒤처지면 어쩌나?"

이 불안은 부모의 사랑에서 비롯된 것이지만, 그 방식이 잘못되면 아이의 동기를 서서히 잠식합니다. 부모의 불안을 그대로 전달받은 아이는 '내가 실패하면 부모가 실망할 것'이라는 압박을 느낍니다. 그 순간, 의욕의 방향은 '도전'에서 '회피'로 바뀝니다.

실패를 두려워하기 시작하면 아이는 더 이상 배우지 않으려 합니다. 부모의 마음이 안정될 때 비로소 아이는 실패를 경험할 수 있는 용기를 얻습니다. 의욕은 완벽해야 꽃피는 것이 아니라 실패를 허용받는 따뜻한 공간에서 자라납니다.

7. 자율성은 결국 '존중받는 경험'이다

아이에게 자율성을 보장해 준다는 것은 결국 '너를 믿는다'는 메시지를 보내는 일입니다. 이 신뢰는 단 한 번의 말로 생기지 않습니다. 일상 속에서 반복되는 작은 순간들을 통해 조금씩 쌓입니다.

아이가 실수했을 때 "괜찮아, 다시 하면 돼." 아이가 다른 의견을 냈을 때 "그렇게 생각했구나." 이런 말 한마디가 자율성을 자라게 합니다. 존중은 말보다 태도에서 전해지고, 그 태도가 아이의 내면을 단단하게 만듭니다.

8. 스스로 선택한 아이는 스스로 책임진다

자율성을 존중받은 아이는, 자연스럽게 책임감 있는 사람으로 자랍니다. 누군가 시켜서 하는 일보다 스스로 선택한 일에 훨씬 더 깊이 몰입하고, 실패했을 때도 쉽게 포기하지 않습니다. 스스로 결정하고, 그 결과를 받아들이는 경험이 아이가 성숙한 어른으로 성장하는 밑거름이 됩니다.

부모가 아이에게 줄 수 있는 가장 큰 선물은 '완벽한 계획'이 아니라 '선택할 수 있는 여유'입니다. 스스로 선택했다고 느낄 때, 아이는 의욕을 되찾고 삶의 주인으로 성장합니다.

'의욕은 통제에서 생기지 않는다. 스스로 선택했다고 느낄 때 비로소 자란다.' 이 진리를 기억하는 부모의 태도가 아이의 내면에 평생 꺼지지 않는 불씨를 심습니다.

역경을 이겨내는 '단단한 마음'을 키우는 법

마음에 들지 않으면
바로 그만두겠다고 해요

아윤이는 얼마 전에 문예창작부에 들어갔습니다. 글 쓰는 일이 좋아서 용기를 내 가입했지만, 막상 활동이 시작되고부터 마음이 흔들리기 시작했습니다. 작성해 온 원고를 선배들 앞에서 읽을 때면 목소리가 자꾸 떨렸고, 발표가 끝난 뒤 "이 부분은 조금 더 다듬어보면 좋겠다"라는 말이 들리면 표정이 금세 굳어졌습니다.

다른 친구들이 칭찬을 받으며 노트를 넘길 때, 아윤이는 혼자 멈춰 선 듯한 기분이 들었습니다. 문장이 어색했던 부분이 머릿속에서 계속 맴돌았고, 괜히 이 자리에 있는 게 아닐까 하는 생각이 들었습니다.

모임이 끝나 가방을 메는 순간, 아윤이는 결국 작게 중얼거렸습니다.

"선생님… 저 동아리 그만두면 안 될까요…."

활동하면서 즐거웠던 마음보다 자신의 부족함이 들킬까 두려운 마음이 더 커지면서, 아윤이는 문이 열리는 소리에도 괜히 어깨를 움츠릴 만큼 위축되었습니다.

정말 싫다면 그만둘 수도 있다—단, 이유를 함께 살펴보자

그만두고 싶다는 마음 자체는 존중해도 됩니다. 좋아하지 않거나 더 이상 흥미롭지 않은 일을 억지로 붙잡고 있을 필요는 없으니까요. 중요한 건 아이에게 내키지 않는 활동을 계속 강요할 필요는 전혀 없다는 점을 부모가 먼저 인정하는 것입니다.

다만, 왜 그만두고 싶은지 그 속마음을 먼저 들어보는 과정은 꼭 필요합니다. 이때 부모의 태도는 특히 중요합니다. "고작 그 정도 이유로 포기하면 안 돼."처럼 쉽게 판단을 내려 버리면 아이는 더 이상 말문을 열지 못합니다. 비난보다 공감이 먼저여야 아이도 편안하게 자신의 마음을 털어놓을 수 있습니다.

아이는 부모와 충분히 대화를 나누고 나면 생각보다 쉽게 정리가 되기도 합니다. 상황에 따라서는 조금만 더 해 봐도 괜찮겠다는 결론이 날 수도 있지요.

예를 들어, "활동은 좋은데 지적을 들으면 너무 부끄러워요." 이런 마음이라면 "누구나 처음엔 부족해. 하지만 그때마다 조금씩 나아지는 거야."라고 조심스럽게 짚어줄 수 있습니다. 그러면 아이는 "그런가요… 그럼 조금 더 해 볼게요." 하고 마음을 바꾸기도 합니다.

반대로 "재미가 없어요."라고 말한다면 왜 재미가 없는지 차분히 되물어야 합니다.

"항상 내가 제일 못하는 것 같아서요."

"만약 조금씩 잘해진다면 어떨까?"

"그럼 재미있을 것 같아요."

이런 식으로 이유를 따라가다 보면, 문제의 본질이 '흥미 없음'이 아니라 '자신감 부족'이라는 사실을 발견하기도 합니다. 원래 실력이 크게 드러나지 않을 때일수록 보이지 않는 성장이 더 많이 일어납니다.

"예전에는 발표할 때 목소리가 떨렸는데, 요즘은 훨씬 안정적이더라. 그런 변화가 쌓이면 나중엔 더 즐거워질 거야."

어제보다 오늘 조금 더 나아졌다는 사실을 아이가 스스로 느낄 수 있게 해 주는 말입니다.

이 모든 과정을 거쳤음에도 여전히 그만두고 싶어 한다면, 그 선택을 존중해야 합니다. 억지로 하는 활동보다 스스로 즐겁게 몰입할 수 있는 일이 훨씬 큰 성장을 가져오니까요. 아이 스스로 의미를 느끼고 몰입할 수 있는 활동을 찾아갈 수 있도록, 부모는 열린 마음으로 그다음 길을 함께 탐색해 주는 역할을 하면 충분합니다.

💬 아이에게 이렇게 말하면 상처가 됩니다

- 시작했으면 끝까지 해야지 고작 그런 이유로 포기한다고?
- 중간에 그만 두는 건 의지가 약하다는 뜻이야.

💬 아이에게 이렇게 말하면 마음이 열립니다

- 그만두고 싶은 이유를 말해 줄 수 있어?
- 그 일이 정말 싫다면 네가 진짜 끌리는 다른 일이 있는지 찾아볼까?

💬 아이의 마음을 움직이는 부모의 태도

- 내키지 않는 활동을 억지로 하게 할 필요는 전혀 없다.
- 그만두고 싶다는 말 뒤에 어떤 이유가 숨어 있는지 차분히 알아본다.
- 아이 스스로 의미를 느끼고 몰입할 수 있는 활동을 찾도록 돕는다.

연습 땐 잘하지만
실전에서 실수해요

민서는 여러 해 동안 피아노를 배우고 있습니다. 집에서 연습할 때면 손이 건반 위를 부드럽고 오갔고, 악보를 굳이 펼쳐두지 않아도 자연스럽게 곡이 흘러나왔습니다.

하지만 문제는 무대에 설 때마다 찾아왔습니다. 발표회가 가까워질수록 민서는 괜히 손끝이 얼어붙는 듯했고, 리허설에 들어가면 호흡이 자꾸 짧아졌습니다. 아무리 평소처럼 치려고 해도 가슴이 떨리고, 건반을 누르는 힘도 일정하지 못했습니다.

발표회 날이 되면 그 긴장은 더 심해졌습니다. 차례가 되어 조명이 켜지고 조용한 객석이 한눈에 들어오는 순간, 머릿속이 멍해졌습니다.

누군가 자신을 지켜보면 흔들리는 연주, 그리고 그 뒤에 찾아오는 실망감이 민서에게는 쉽지 않은 숙제로 남아 있습니다.

완벽한 평정심은 없다는 걸 인정하자

민서와 같은 사례는 드물지 않습니다. '잘해야 한다'는 마음이 지나치게 커질 때 흔히 일어나는 일이기도 하지요. 특히 무대에 오르면 어느 정도 긴장하는 것은 아주 자연스러운 일입니다. 그러니 이 부분을 미리 알려주면, 아이가 불안을 느끼더라도 그 자체는 덜 낯설게 느껴질 겁니다.

"발표회에서는 어떤 생각을 했니?"

민서에게 물으니 잠시 머뭇거리다 이렇게 답했습니다.

"관객 모두에게 좋은 인상을 주고 싶었어요. 연주가 끝나면 큰 박수를 받으면 좋겠다고 생각했고요."

그 말 속에는 피아노 자체보다 '인정받고 싶은 마음'이 훨씬 크게 자리하고 있었습니다. 연주를 통해 자신의 실력을 보여 주고 싶다는 바람보다, 타인의 시선과 평가를 컨트롤하려는 마음이 앞섰던 것이지요.

이럴 때는 중요한 무대일수록 평정심을 유지하기 어렵다는 사실을 먼저 인정하는 것이 필요합니다. 그리고 마음이 흔들리는 순간을 미리 예상하고, 대비하는 과정을 밟으면 더욱 좋습니다.

발표회를 앞두고는 연주에서 가장 중요한 것이 무엇인지 아이와 함께 천천히 정리해 보세요. 두세 가지면 충분합니다. 예를 들면 '차분하게 치기', '즐겁게 연주하기', '정성을 다하기' 같은 것들입니다. 이 과정은 아이의 시선을 관객이 아니라 '연주하는 나'에게 돌리는 데 도움이 됩니다.

"이 종이를 발표회에 가져가서, 무대에 오르기 전에 한번 보고 가자."

이렇게 작은 체크리스트를 만드는 것만으로도 무대 직전 마음을 다잡는 루틴이 만들어집니다.

운동선수들도 중요한 경기를 앞두면 긴장합니다. 그런 선수들과 경기 전 가볍게 메시지를 주고받을 때가 있는데, 직전에는 일부러 짧고 담백한 문장만 보냅니다.

"지금, 감사할 일은 뭐예요?"

피아노 발표회 직전에도 아이에게 '감사', '행복', '고마움' 같은 아주 짧은 메시지를 건네면 마음이 부드럽게 안정되는 효과가 있습니다.

이 작은 전환은 생각보다 큰 효과를 내니 한 번 시도해 보시길 바랍니다.

💬 아이에게 이렇게 말하면 상처가 됩니다

- 긴장하지 않게 연습을 더 열심히 해.
- 연습 땐 잘하더니 무대 공포증인가 보네.

💬 아이에게 이렇게 말하면 마음이 열립니다

- 무대에 올라 즐겁게 연주하는 네 모습을 상상해 봐.
- 다른 사람의 시선이 아닌 너 자신한테 집중해.

💬 아이의 마음을 움직이는 부모의 태도

- 무대에서 긴장하는 것은 아주 자연스러운 일이라는 것을 먼저 알려준다.
- 실전에 대비해 구체적인 계획을 세우고 충분히 연습할 수 있도록 도와준다.
- 무대에 오르기 직전에는 '감사', '행복', '고마움' 같은 따뜻한 키워드를 담은 짧은 메시지를 건넨다.

실수하면 쉽게 분노해요

지훈은 늘 반에서 상위권 성적을 유지해 왔습니다. 시험이 있을 때면 누구보다 집중했고, 결과도 대부분 기대 이상이었습니다. 겉으로 보기에는 어떤 어려움도 없을 것 같은 아이였습니다.

하지만 틀린 문제가 한두 개라도 보이면 분위기가 달라졌습니다. 시험지를 받은 순간 얼굴이 굳고, 옆에서 말을 걸어도 대답 없이 조용히 자리를 정리했습니다. 집에 돌아오는 길에도 표정은 좀처럼 풀리지 않았고, 가방도 거칠게 내려놓았습니다.

걱정돼서 "잘했는데 뭐가 그렇게 속상해?" 하고 다가가면, 지훈은 더 예민해져 말을 끊어 버리곤 했습니다. 반대로 꾸짖으면 반응은 더 격해졌습니다.

그럴 때마다 어른들은 지훈이가 얼마나 위태로운 상태인지 느낄 수밖에 없었습니다. 잘하고 싶은 마음, 인정받고 싶은 마음, 실수하고 싶지 않다는 두려움이 한꺼번에 지훈을 누르고 있다는 것을 알지만, 정작 지훈은 그 감정을 어디에도 제대로 풀 곳이 없어 보였습니다.

결과보다 '태도'가 중요하다는 것을 가르치자

지훈처럼 성적에 민감한 아이들 가운데에는, 실수하거나 기대한 결과가 나오지 않았을 때 감정을 제대로 추스르지 못하는 경우가 종종 있습니다. 이럴 때 아이가 터뜨리는 투정이나 불만은 어느 정도 자연스러운 감정의 흐름이므로, 처음부터 억누르기보다는 일정 부분 너그럽게 받아들이는 여유도 필요합니다.

하지만 이런 행동이 반복되면 스스로도 상처를 받고, 때로는 다칠 위험까지 생깁니다. 감정이 격해진 순간일수록 '어떻게 표현하느냐'가 더 중요해집니다. 이때 그 순간을 곧바로 아이의 잘못으로 단정하거나 혼내듯 몰아붙이면, 아이는 감정을 조절하기보다 더 거칠게 반응하기 쉽습니다.

그래서 저는 지훈이 같은 아이들에게 조심스럽게 이런 말을 건네곤 합니다.

"지금 그 행동, 정말 네가 되고 싶은 모습일까?"

공부를 잘하고 싶은 마음이 클수록, 결과에 흔들리지 않는 태도를 먼저 갖추는 것이 필요합니다. 성취는 실력만으로 만들어지지 않습니다. 과정에서 만나는 실수와 실패를 어떻게 받아들이는지, 흔들리는 순간을 어떻게 버티는지가 차곡차곡 쌓여서 아이의 힘이 됩니다.

하지만 많은 아이들이 반대로 생각합니다. 성적이 잘 나오면 자신감도 생기고, 태도도 좋아질 거라고 믿지요. 하지만 실제로는 그 반대입니다. 먼저 태도가 단단해져야 성적도 따라옵니다. 감정을 조절하는 힘이 생겨야 실수 앞에서도 무너지지 않고, 꾸준히 실력을 쌓아갈 수 있습니다. 그래서 아이가 화를 내고 괜히 화풀이하는 모습을 보인다면, 설교하듯 길게 말하기보다 딱 한 문장만 건네면 충분합니다.

"지금 모습이 네가 꿈꾸는 '멋진 너'와 잘 어울려?"

이 질문은 아이가 자신의 행동이 '내가 되고 싶은 모습과 맞는지' 스스로 되돌아보게 하는 힘을 갖고 있습니다. 이 말을 한 다음에는 조용히 기다려 주세요. "그건 아니지, 그러면 안 돼.'라고 단정하는 순간, 아이는 바로 반발할 것입니다. 반면에 스스로 생각하고 깨닫는 시간이 쌓일수록 아이는 자기 감정을 다루는 힘을 키우고, 점점 더 주체적인 아이로 성장해 갈 것입니다.

💬 아이에게 이렇게 말하면 상처가 됩니다

- 실수한 게 문제가 아니라 너는 그 태도가 문제야.
- 엉뚱한 데 화풀이 할 게 아니라 공부를 더 열심히 하면 되지 않겠니?

💬 아이에게 이렇게 말하면 마음이 열립니다

- 지금 네 태도가 너가 되고 싶은 모습과 어울릴까?
- 원하는 결과를 얻으려면 먼저 내면이 단단해져야 해.

💬 아이의 마음을 움직이는 부모의 태도

- 감정이 흔들리는 순간 투정이나 불만을 터트릴 땐 일정 부분 너그럽게 받아준다.
- 그 순간을 아이의 잘못으로 단정하거나 화를 내며 몰아붙이지 않는다.
- 자신의 행동이 '내가 되고 싶은 모습'과 어울리지 않는다는 사실을 아이 스스로 깨닫도록 이끌어 준다.

지적을 들으면
방어적으로 반응해요

윤호는 시험이 며칠 앞으로 다가온 줄 알면서도 책상 앞에 앉을 생각을 좀처럼 하지 않았습니다.

부모가 조심스레 "이제 좀 공부해야 하지 않겠니?" 하고 말을 꺼내면, 게임을 멈추지도 않은 채 "알아요, 좀만요." 라고 말끝을 흐리는 일이 반복되었습니다. 시간이 더 지나자 부모의 말투는 점점 날카로워졌고 결국 게임을 끄라는 말로 이어졌습니다. 그러자 윤호는 얼굴을 굳히며 "잔소리 좀 그만하세요." 라고 맞받아쳤고, 말이 오갈수록 분위기는 더 험악해졌습니다.

최악의 상황을 상상하게 하자—두려움을 줄이는 방법이다

아이들 중에 부모의 지적을 유난히 듣기 싫어하는 경우가 있습니다. 특히 윤호처럼 이미 마음속으로 '이제는 그만해야겠다'고 느끼고 있을 때는 더욱 그렇지요. 스스로도 해야 한다는 걸 알지만, 부모가 말하는 순간, 반발심이 먼저 올라옵니다. 사실 대부분의 행동은 편안함을 택하고 불편함을 피하려는 마음 사이에서 결정된다는 점을 이해하면, 이런 반응 역시 자연스럽게 받아들일 수 있습니다.

그래서 "게임 그만 해.", "공부 좀 해."라는 말은 오히려 역효과를 내기 쉽습니다. 대신 이렇게 조용히 물어보면 어떨까요?

"이대로 계속 공부 안 하면 어떻게 될 거라고 생각하니?"

조금 더 나아가, 아이 스스로 상황을 상상해 보도록 돕는 것입니다.

"만약 지금처럼 공부 안 해서 학년 꼴찌가 된다면, 어떤 기분일까?"

이처럼 '최악의 미래'를 조심스럽게 떠올리게 하면, 지금 행동이 가져올 결과를 스스로 마주하게 되고 기존의 선택이 더 이상 편안하게 느껴지지 않을 수도 있습니다. 그리고 여기서 더 말하지 않고 잠시 멈추는 것이 핵심입니다. 그 침묵 속에서 아이는 자연스럽게 생각을 이어갑니다. 스스로 판단하고 움직일 여지를 남겨두는 것이지요.

부모라면 아이를 통제하고 싶어지는 마음은 누구나 갖고 있습니다. 하지만 아이는 부모와 분리된 하나의 인격이기 때문에, 원하는 대로 움직여주지 않을 때가 많습니다. 따라서 끌고 가려 하기보다, 아이가 스스로 판단을 내릴 때까지 충분히 기다려주는 태도가 필요합니다.

저 역시 학생들을 상담할 때 비슷한 방식을 사용합니다. 과제를 미루며 고민하는 학생에게 이렇게 묻습니다.

"지금처럼 계속 미루기만 한다면, 한 달 뒤 너의 모습은 어떨 것 같아?"

그러면 학생들은 대개 난감한 웃음을 지으며 말합니다.

"시험 망하겠죠…."

그러면 저는 다시 질문을 던집니다.

"그렇다면 1년 뒤에는?"

이 질문을 듣는 순간, 학생은 가장 피하고 싶은 미래를 떠올리게 됩니다.

스스로 상상한 최악의 미래가 눈앞에서 선명해지는 순간,

더 이상 미루는 것은 '위험'으로 다가옵니다. 그러면 자연스럽게 오늘 해야 할 일을 향해 움직일 힘이 생기지요.

이 과정에서 가장 중요한 것은 반드시 질문형으로 말해야 한다는 점입니다.

"지금 하면 안 돼?",

"왜 안 해?"처럼 몰아붙이는 말투는 아이의 반발심만 키웁니다. 반대로 질문은 아이의 스스로 생각하게 만들고 주도권을 아이에게 돌려줍니다. 아이가 자발적으로 움직이고 싶은 마음이 생기는 순간, 변화는 그때부터 시작될 것입니다.

💬 아이에게 이렇게 말하면 상처가 됩니다

- 대체 언제까지 게임만 할 거니? 좀 적당히 해!
- 공부는 언제 할 건데?

💬 아이에게 이렇게 말하면 마음이 열립니다

- 지금처럼 게임만 하면 무슨 일이 벌어질까?
- 학년 전체에서 꼴찌하면 기분이 어떨까?

💬 아이의 마음을 움직이는 부모의 태도

- 사람의 행동은 대개 편안하고 싶은 마음과 불편함을 피하고 싶은 마음 사이에서 결정된다는 것을 이해한다.
- 지금의 행동이 가져올 '최악의 미래'를 상상하도록 조심스럽게 유도한다.
- 부모가 끌고 가려 하기보다 아이가 스스로 판단하고 움직일 때까지 충분히 기다려 준다.

시험이 다가오면
꼭 컨디션이 무너져요

하린이는 정기 시험이 다가올 때마다 컨디션이 안 좋아지곤 했습니다. 평소에는 멀쩡히 잘 지내다가도 시험 주간이 시작되면 머리가 지끈거린다거나 배가 아프다며 침대에 눕는 일이 잦았습니다.

시험을 치르고 돌아오는 날이면 하린이는 어김없이 고개를 숙였습니다. 결과에 대한 이야기가 나오면 작은 목소리로 "사실 시험 보기 전에 너무 아팠어요…"라고 말했습니다. 그렇게 시간이 갈수록 책상 앞에 오래 앉아 있지 못했고, 시험 전날이면 불안과 조급함으로 표정이 어두워졌습니다. 부모가 병원에 가자고 제안해도 "조금 쉬면 괜찮다"며 넘겼지만, 시험이 다가올 때마다 같은 일이 되풀이되고 있습니다.

　　　　　　　　　　불안의 시간을 건너는 너를 지키는 말

'할 수 있다'는 감각이 도망을 막는다

시험 기간만 되면 방 정리가 갑자기 하고 싶어지고, 평소엔 관심 없던 만화책이 유난히 눈에 들어오는 경험, 누구나 한 번쯤은 해 봤을 것입니다. 또 "이번에는 공부를 별로 안 했으니까 성적이 나빠도 어쩔 수 없어"라며 성적이 나오기도 전에 변명을 준비하는 아이들도 있습니다. 이럴 때는 자존심이 상할까봐 두려워 스스로를 보호하려는 아이의 마음을 먼저 헤아려주는 태도가 필요합니다.

이런 행동을 심리학에서는 '셀프핸디캐핑(self-handicapping)', 혹은 '자기 불구화'라고 부릅니다. 말 그대로 '실패했을 때 자존심이 다치지 않도록 미리 핑곗거리를 만들어두는 전략'입니다.

"몸이 안 좋았기 때문에 성적이 떨어졌다.", "잠깐 만화책을 봤기 때문에 집중이 흔들렸다." 이런 식의 설명은 결국 '나의 능력 부족 때문은 아니야'라고 스스로를 설득하는 방식입니다.

자존심이란 타인에게서 인정받을 때 느끼는 만족감입니다. 그래서 자존심이 강한 아이일수록 자신에 대한 평가가 낮아지는 것을 극도로 두려워합니다. 실패가 두려우니, 결과가 기대에 미치지 못했을 때 충격을 줄이기 위한 방패가 필요해지고, 그 방패가 바로 셀프핸디캐핑입니다.

따라서 아이가 어떤 일을 시작하기도 전에 변명을 늘어놓거나, 시험만 앞두면 몸 상태가 나빠지는 것처럼 보일 때는 이러한 심리가 숨어 있음을 먼저 이해해야 합니다. 일부러 변명하는 것이 아니라, 자신감이 부족하다는 사실을 들키지 않으려는 방어적 반응입니다.

이 깊숙한 곳에는 '자기효능감(self-efficacy)'의 문제도 있습니다. 자기효능감은 '나는 할 수 있다'고 스스로를 믿는 힘으로, 자존감과 비슷하지만 그보다 더 실제로 내가 어떤 일을 해 낼 수 있다는 믿음에 가까운 개념입니다.

자기효능감이 낮은 아이는 스스로를 믿지 못하기 때문에 "공부해봤자 어차피 안 돼.", "이번에도 틀림없이 실패할 거야." 같은 부정적인 미래를 먼저 떠올립니다. 그러니 의욕이 생기지 않고, 설령 의욕이 생기더라도 행동으로 옮기기 어렵습니다. 겨우 시도하더라도 소극적인 태도 때문에 좋은 결과를 얻기 힘들고, 이는 다시 자기효능감을 떨어뜨리는 악순환으로 이어집니다. 그래서 아이가 작은 목표라도 이뤄내면 그 즉시 인정하고 따뜻하게 칭찬해 주는 것이 중요합니다. 그 경험이 자기효능감을 회복하는 중요한 발판이 되기 때문입니다.

     불안의 시간을 건너는 너를 지키는 말

반면, 자기효능감이 높은 아이는 "하면 잘 될 거야.", "이번엔 나아질 수 있어."라고 긍정적으로 생각하기 때문에 어떤 과제든 적극적으로 도전합니다. 잘 해내면 성공 경험이 쌓여 자기효능감이 더욱 높아지고, 혹시 실패하더라도 쉽게 좌절하지 않고 다시 도전합니다.

저는 아이를 대하는 부모의 태도가 자기효능감 형성에 결정적인 영향을 준다고 믿습니다. 예를 들어, 아이가 시험에서 80점을 받아 왔다면 부모의 반응은 크게 두 가지일 수 있습니다.

"와, 80점이나 받았네! 열심히 했구나."

"80점밖에 못 받았니? 다음엔 더 노력해야겠네."

어느 쪽이 아이의 자신감을 키워줄지는 너무도 명확하지요.

늘 비교를 당하거나 인정받지 못하는 아이는 자기효능감이 낮아지기 쉽습니다. 하지만 지금까지의 태도를 돌아보고 조금씩 바꾸어 간다면 늦은 시점은 없습니다.

심리학자 앨버트 반두라(Albert Bandura)는 자기효능감을 높이는 네 가지 근원을 다음과 같이 설명합니다.

1. 성취 경험

스스로 목표를 세우고 그것을 달성한 경험입니다. 어려운 과정을 극복하며 얻은 성취일수록 자기효능감은 크게 향상됩니다.

2. 대리 경험(모델링)

다른 사람이 성공하는 모습을 보며 '나도 할 수 있다'는 가능성을 느끼는 과정입니다. 특히 자신과 비슷한 사람의 성공은 더 큰 힘이 됩니다.

3. 언어적 설득

"넌 해낼 수 있어"라는 말처럼 주변의 꾸준한 격려는 아이의 믿음을 단단하게 만듭니다. 부모가 매일 "너는 할 수 있어"라는 메시지를 꾸준히 전달하면, 그 말은 아이에게 아주 강력한 심리적 자원이 됩니다.

4. 신체 및 정서적 고양

기분이 좋고 마음이 안정돼 있을 때, 아이는 자신의 능력을 더 긍정적으로 평가하게 됩니다.

아이의 자기효능감을 키우기 위해서는, 지적하는 것을 줄이고 작은 성취도 눈여겨 보며, "너는 할 수 있어"라는 믿음을 꾸준히 전달하고, 주변에서 좋은 모델을 보여주는 노력— 이 네 가지가 무엇보다 중요합니다. 아이를 믿어 주는 마음이 쌓일 때, 아이는 비로소 스스로를 믿을 힘을 갖게 됩니다.

💬 아이에게 이렇게 말하면 상처가 됩니다

- 너는 항상 변명만 늘어놓는구나.
- 공부를 대충 하니까 점수가 안 나오지.

💬 아이에게 이렇게 말하면 마음이 열립니다

- 얼마든지 할 수 있어.
- 이렇게나 잘 해내다니 대단하다.

💬 아이의 마음을 움직이는 부모의 태도

- 자존심이 상할까봐 두려워 스스로를 보호하려는 아이의 마음을 먼저 헤아려 준다.
- 아주 작은 목표라도 스스로 해냈다면 즉시 인정하고 따뜻하게 칭찬한다.
- "너는 할 수 있어"라는 메시지를 지속적으로 전달한다.

중요한 날인데
컨디션이 좋지 않아요

민지는 학교 오케스트라에서 바이올린을 맡고 있습니다. 다가오는 정기 공연에서 솔로 파트를 맡는 것이 올해 가장 큰 목표였던 민지는 오랫동안 꿈꿔온 자리였고, 담당 선생님도 가능성을 높게 평가해 기대를 품었습니다. 그래서 마음을 단단히 먹고 연습실에 머무는 시간을 점점 늘려 갔습니다.

처음에는 실력이 눈에 띄게 오르는 듯했습니다. 하지만 어느 순간부터 속도가 뚝 멈추었습니다. 아무리 연습해도 음정이 깔끔하게 맞지 않는 부분이 있었고, 감정선을 살려야 하는 구간에서는 손이 굳어버린 듯 자연스럽게 움직이지 않았습니다. 이전에는 하루가 다르게 나아지는 느낌이 있었는데, 지금은 마치 보이지 않는 벽 앞에서 발이 묶인 것처럼 느껴졌습니다.

누구보다 열심히 하고 있음에도, 눈앞의 한계를 넘지 못하는 듯한 막막함 속에서 민지는 오늘도 조용히 자신을 다독여 보려 애쓰고 있습니다.

     불안의 시간을 건너는 너를 지키는 말

결과는 컨디션이 아니라 마음가짐이 결정한다

오케스트라 단원들 중에는 민지처럼 연습을 아무리 해도 어느 순간 더는 나아지지 않는다고 느끼는 경우가 많습니다. 그럴 때 저는 조용히 이렇게 물어보곤 합니다.

"지금이 공연 일주일 전이지? 혹시 지금 당장 최고의 상태여야 한다고 믿고 있니?"

그러면 대부분의 아이들이 말없이 고개를 떨굽니다. 연습 과정에서 최고조에 오르는 것이 중요한 것이 아니라, 공연 당일에 가장 좋은 연주를 하는 것이 더 핵심이라는 사실을 잠시 잊고 있었던 것이지요. 특히 아이들에게는 그날의 컨디션이 결과를 좌우하는 절대적인 기준이 아니라는 점을 차분히 이해시켜 주는 과정이 필요합니다. 아직 시간이 남아 있음에도, 실력이 제자리인 것처럼 느껴지면 마음이 조급해지고, 그 때문에 평소 하지 않던 연습을 갑자기 늘리거나 불안하게 손을 바꾸는 등 오히려 컨디션을 흐트러뜨리는 행동을 하게 됩니다. 그러면 마음도 몸도 더 무거워지기 마련입니다.

이럴 때 가장 필요한 것은 지금까지 차곡차곡 쌓아온 자신의 노력과 실력을 얼마나 믿을 수 있는가입니다. 민지가 초조해하기 시작하면 저는 이렇게 말해 줍니다.

"너는 이미 충분히 연습하고 있어. 지금까지 쌓은 걸 믿고, 네가 준비한 연주를 해 보자."

아이의 시선이 '지금 할 수 없는 것, 아직 도달하지 못한 것'에만 머물지 않도록, 집중할 수 있는 작은 행동들로 시선을 돌려주는 것도 중요합니다. 지금의 한 걸음이 결국 무대 위에서 힘이 된다는 점을 깨닫도록 유도해 주는 것입니다.

아이들이 지닌 잘못된 믿음을 가볍게 흔들어 보는 방법도 있습니다. 어느 날 한 아이가 저에게 이렇게 말했습니다.

"선생님, 저는 공연 날만 되면 손끝이 굳고 컨디션이 안 좋아요. 이럴 땐 어떻게 해야 하죠?"

저는 장난스럽게 되물었습니다.

"그럼 너는 컨디션이 최고가 아니면 좋은 연주를 절대 못 한다는 뜻이니?"

"그건 아니에요."

"그렇지? 그럼 컨디션이 어떤 날이라도 무대를 지켜낼 수 있는 연주자가 된다면 어떨까?"

"그게 더 좋을 것 같아요."

"맞아. 그러려면 지금 상태가 조금 흔들려도 네가 할 수 있는 최선의 연주를 준비하는 데 집중해야 하지 않을까?”

그 말을 들은 아이는 깊이 고개를 끄덕였습니다.

많은 아이들은 ‘컨디션이 나쁘면 절대 좋은 연주가 나오지 않는다’고 생각하지만, 실제로 어떤 날이든 흔들리지 않고 자기 실력을 발휘하는 사람들도 분명히 있습니다. 그래서 지금까지 들인 노력, 시간을 견디며 쌓아온 연습의 흔적들을 스스로 바라보고 인정할 수 있게끔 자주 상기시켜 주는 일이 무엇보다 중요합니다.

민지 역시 마찬가지입니다. 마음이 흔들리는 날이 오더라도, 그 흔들림에 휘둘리지 않고 오늘 할 수 있는 연습을 묵묵히 해내는 힘. 그 강인함이 쌓일 때, 좋은 연주는 자연스럽게 따라옵니다.

 ## 아이에게 이렇게 말하면 상처가 됩니다

- 지금까지 대체 뭘 한 거야?
- 시간이 얼마 안 남았는데 이제와서 초조해 해봤자 소용 없잖아.

 ## 아이에게 이렇게 말하면 마음이 열립니다

- 그동안 열심히 노력한 걸 믿어봐.
- 지금 할 수 있는 최선을 다하면 된 거야.

 ## 아이의 마음을 움직이는 부모의 태도

- 그날의 컨디션이 결과를 좌우하는 절대적인 기준이 아니라는 사실을 이해시킨다.
- 지금 이 순간 할 수 있는 일에 시선을 두도록 부드럽게 이끌어 준다.
- 그동안 해 온 노력, 들인 시간, 조금씩 나아진 흔적들을 아이가 인정할 수 있도록 자주 상기시켜 준다.

불안의 시간을 건너는 너를 지키는 말

항상 앞서가다 막판에 역전당해요

출발 신호가 울리면 윤서는 누구보다 먼저 앞으로 튀어나갑니다. 초반 몇 걸음은 몸이 가볍게 떠오르는 것 같고, 바람이 얼굴을 스치며 귓가에서 또렷한 발소리가 리듬을 만듭니다. 트랙 옆에서 반 친구들이 부르는 이름 소리가 멀리서 메아리처럼 들릴 때까지만 해도, 오늘은 끝까지 버틸 수 있을 것 같은 기분이 듭니다.

하지만 절반을 조금 넘긴 지점부터 다리가 서서히 무거워지기 시작합니다. 숨이 가빠지면서 가슴은 요동치고, 목 안쪽에는 뜨겁게 타들어가는 듯한 느낌이 번집니다. 여전히 앞을 보고 달리고 있는데, 뒤에서 규칙적으로 울리는 발소리가 점점 더 가까워집니다. 그 소리가 귓속까지 파고들면, 윤서의 어깨는 미세하게 움찔거리고 몸은 반사적으로 굳습니다.

마지막 직선 구간에 들어서면 결승선은 분명 눈앞에 보이는데, 그 몇 미터가 유난히 길게 늘어난 것처럼 느껴집니다. 그렇게 윤서는 매번 마지막 순간, 숨이 막히는 벽 앞에서 발이 떨어지지 않는 것 같은 느낌과 마주하고 있습니다.

지금은 쉬는 구간일 뿐, 다시 역전할 수 있다

사람의 뇌는 이미지와 현실을 제대로 구별하지 못합니다. 어떤 사람이 레몬을 통째로 베어 물고 얼굴을 잔뜩 찡그리는 영상을 보기만 해도 입안에 침이 고이거나 저절로 표정이 일그러지지요. 실제로 먹지 않았는데도 신맛이 생생하게 느껴지기 때문입니다. 이렇게 눈앞의 장면을 이미지로 받아들이는 순간, 몸은 이미 그 상황이 현실인 것처럼 반응해 버립니다. 그래서 결국 우리가 반복해서 떠올리는 이미지가 현실로 나타나기도 합니다. 아이에게는, 마음속으로 반복해서 그리는 장면이 결국 자신의 현실이 될 수 있다는 사실을 천천히 알아차리게 해 주는 것이 중요합니다.

체육 시간 달리기에서 윤서처럼 중간까지 앞서가다가도 반드시 마지막에 역전당할 것이라고 굳게 믿는 아이는, 실제로 앞서 달리고 있는 순간에도 반사적으로 곧 따라잡히는 장면을 떠올립니다. 결승선을 눈앞에 둔 자신의 모습이 아니라, 옆에서 친구가 자신을 추월해 가는 장면을 먼저 상상해 버리는 것이지요.

그렇게 부정적인 이미지를 자꾸 떠올리다 보면, 결국 그 그림이 현실이 되어 버립니다. 이 과정에서 아이가 스스로 부정적인 이미지에 사로잡혀 그것을 더 크게 만들고 있었다는 사실을 인식할 수 있도록, 조용히 알려주는 어른이 필요합니다.

이럴 때는 그 이미지를 뒤집을 만한 질문을 건네 보아야 합니다.

"지난번에 역전당했을 때랑, 이번 상황이 완전히 똑같니?"

그러면 아이는 이렇게 대답할지도 모릅니다.

"같은 200m 달리기이긴 한데, 같이 뛰는 친구도 다르고 운동장도 달라요."

"그렇구나. 그러면 똑같은 상황은 아니네."

그다음에는 서둘러 조언을 덧붙이지 않고, 그 말을 곱씹으며 스스로 생각할 시간을 주는 것이 좋습니다.

또 이런 질문도 효과가 있습니다.

"너는 그때 이후로 전혀 달라진 게 없니?"

실제로 어떤 아이에게 저는 이렇게 물어본 적이 있습니다.

"지금이 그때랑 정말 완전히 똑같아?"

"아니요, 다르긴 한데……."

"그런데도 늘 질 거라고만 계속 생각하면, 앞으로 네 인생은 어떻게 될까?"

이 질문을 던질 때, 저는 아이 마음이 조금 아플 수도 있다는 걸 알면서도 일부러 작정하고 물었습니다. '항상 역전당할 거야'라는 생각이 사실은 현실이 아니라, 스스로 만들어낸 비합리적인 믿음일 뿐이라는 것을 깨닫기를 바라기 때문입니다.

본인은 그 믿음을 너무도 진짜 현실이라고 여기고 있어서, 옆에서 아무리 "그건 착각이야, 네가 만든 이미지일 뿐이야"라고 말해 주어도 쉽게 받아들이지 못합니다. 그렇기에 정답을 바로 알려 주기보다, 질문을 통해 스스로 깨닫도록 천천히 이끌어 주어야 합니다.

 ## 아이에게 이렇게 말하면 상처가 됩니다

- 처음엔 잘하다가 끝에 가면 항상 뒤처지는구나.
- 뒷심이 부족하네.

 ## 아이에게 이렇게 말하면 마음이 열립니다

- 지난번과 이번이 완전히 똑같은 상황인 거 같니?
- 지난번보다 나아진 점은 없어?

 ## 아이의 마음을 움직이는 부모의 태도

- 마음속으로 반복해서 그리는 장면이 결국 자신의 현실이 될 수 있음을 알아차리게 한다.
- 스스로 부정적인 이미지에 사로잡혀 그것을 더 크게 만들고 있다는 사실을 인식할 수 있도록 이끌어 준다.
- 지금의 자신이 과거보다 발전했다는 것을 명확하게 알려 준다.

한 번 실패하면
계속 실패할 것 같다고 해요

지호는 피아노 발표회를 준비하는 동안 같은 부분에서만 여러 번 실수를 반복했습니다. 처음에는 "조금만 더 연습하면 되겠지." 하고 스스로를 다독이며 건반 앞에 앉았지만, 실수했던 마디에만 도달하면 그때마다 손끝이 굳고 음이 엇갈렸습니다.

그렇게 연달아 틀리고 난 뒤로는, 피아노 앞에 앉는 것 자체가 부담스러운 일이 되어 버렸습니다. 악보를 펼치면 그 마디가 제일 먼저 눈에 들어오고, 손가락이 건반에 닿기 전부터 다시 틀릴 것 같은 장면이 머릿속에서 선명하게 재생되었습니다.

가족이 "그 부분만 한번 쳐 볼래?" 하고 조심스레 말을 건네도, 지호는 멀찍이 서서 바라보기만 합니다. 마음 한켠에서는 다시 시도해야 한다는 걸 알지만, 실수할까 두려워 건반에 손을 올리지도 못하고 있습니다.

정말 그런지 사실을 하나씩 확인해 보자

누구든 실패를 합니다. 실패하기 때문에 성장할 수 있지요. 몇 번 연달아 실패했다고 해서 너무 걱정할 필요는 없습니다. 하지만 정작 당사자인 아이는 그 말을 받아들이기가 쉽지 않습니다. 지호는 이제 피아노 앞에 앉으면 또 같은 부분에서 틀릴 거 같다는 생각이 머릿속에서 굳어져 버렸습니다. 악보를 펼치는 순간, 건반을 누르기도 전에 이미 머릿속에서는 실패 장면이 먼저 재생되지요. 이때 중요한 것은, 아이가 두려워하는 것이 실제 상황이 아니라 '또 실패할지도 모른다는 상상'일 수 있다는 점을 부드럽게 일깨워 주는 일입니다.

그럴 때는 이렇게 물어볼 수 있습니다.

"한 번도 실수해 본 적 없는 사람이 있을까?"

"그런 사람은 없겠지요."

"그럼 왜 그렇게 실수를 두려워하니? 누구든 틀릴 수 있는데, 왜 너는 한 번의 실수 때문에 이렇게까지 겁을 먹게 된 거야?"

이 질문을 들으면 무언가를 깨달은 듯 잠시 말을 잃는 아이도 있지만, 바로 반박하거나 예상치 못한 반응을 보이는 아이도 있습니다. 우리는 질문을 했을 때 아이가 내 기대와는 다른 대답을 할 수 있다는 것을 먼저 인정해야 합니다. 하지만 아이에게 한 번 더 생각해 볼 기회를 건넨 것만으로도 의미가 있으니 실망하지 말고 지켜봐 주세요. 생각의 씨앗은 그 자리에서 바로 싹트지 않아도, 결국 아이 마음속 어딘가에 남아 자리 잡을 것이기 때문입니다.

제가 지도하던 아이들 가운데에도 그렇게 스스로에게 실망하고 늘 걱정이 가득한 아이가 있었습니다. 어느 날 그 아이는 제게 이렇게 털어놓았습니다.

"선생님, 저는 연주하는 게 전혀 즐겁지 않아요."

제가 물었습니다.

"성공한 사람들은 모두 하나도 즐겁지 않을까?"

"네, 다들 힘들 것 같아요."

"정말 그럴까? 연주를 즐기면서 하는 사람은 단 한 명도 없을까?"

"꼭 그렇진 않겠지요."

"그런데 너는 왜 '즐기면서 하는 사람은 없다'고 단정해 버린 걸까?"

눈시울이 붉어진 채 반론하던 그 아이에게 저는 질문을 멈추지 않고 이어갔습니다. 결국 아이는 더 말을 잇지 못하고 조용히 입을 다물었습니다. 그날 저녁, 그 아이 어머니에게서 문자가 왔습니다.

"오늘 아이가 집에 와서 많이 가라앉아 있더라고요. 혹시 무슨 일 있었나요?"

"조금 따끔한 이야기를 나눴어요."

그런데 그날 이후 아이의 연주는 눈에 띄게 좋아졌습니다. 나중에 이야기를 들어 보니 저와 나눴던 대화를 계기로, 무대 위에서 즐기며 연주하는 사람들의 모습이 눈에 들어오기 시작했다고 합니다. 그러면서 자신이 세상을 너무 한쪽으로만 보고 있었다는 사실을 조금씩 깨닫게 되었다고 합니다.

지금도 가끔 연락이 와서, 예전보다 훨씬 가벼운 마음으로 연습하고 무대에 오른다고 이야기를 전해 줍니다. 이처럼 잘 이끌어 주면 아이는 실패가 끝이 아니라 실력이 자라는 과정이라는 것을 스스로 체감하게 됩니다.

물론 그 순간 바로 깨닫지 못할 수도 있습니다. 하지만 질문은 아이의 머릿속 어딘가에 남아 서서히 생각의 방향을 틀어 줍니다. 그리고 시간이 지나 돌아보면, 그 작은 질문 하나가 아이를 진실에 더 가까이 데려가는 조용한 길잡이가 되어 있을 것입니다.

 ## 아이에게 이렇게 말하면 상처가 됩니다

- 한 번 실패했다고 겁먹으면 발전이 없는 거야.
- 너는 의지가 부족하구나.

 ## 아이에게 이렇게 말하면 마음이 열립니다

- 실패하지 않고 성공하는 사람이 있을까?
- 그렇게 하면 실패할 거라고 누가 정했어?

 ## 아이의 마음을 움직이는 부모의 태도

- 질문했을 때 아이가 내 기대와는 다른 대답을 할 수 있다는 것을 인정한다.
- 아이가 두려워하는 건 실제 상황이 아니라 또 실패할지도 모른다는 상상일 수 있다는 걸 부드럽게 일깨워 준다.
- 실패는 끝이 아니라 실력이 자라는 과정이라는 것을 아이의 눈높이에 맞춰 알려 준다.

불안의 시간을 건너는 너를 지키는 말

일이 안 풀리면 남 탓을 해요

현우는 일이 잘 풀리지 않을 때마다 늘 주변부터 살핍니다. 시험 점수가 기대보다 낮게 나오면, 그는 먼저 선생님의 수업 방식이 마음에 들지 않았다고 말합니다. 문제를 제대로 풀지 못한 이유가 자신의 준비 부족 때문일 수도 있다는 생각은 좀처럼 하지 않습니다. 아침에 늦잠을 자 지각을 했을 때도 마찬가지였습니다. 알람을 듣지 못한 자신보다, 제때 깨우지 못한 부모님을 탓했습니다.

그럴 때 현우는 억울하다는 표정을 지으며 상황을 길게 설명하지만, 그 말 속에는 자신의 책임을 돌아보는 순간이 거의 없습니다. 주변 사람들 생각은 다르다고 해도 그는 고개를 갸웃하며 이해하지 못합니다. 모든 일의 원인을 자신이 아닌 바깥에서 찾다 보니, 작은 실수조차 쉽게 누군가의 탓이 되어 버립니다.

그런 현우의 마음속에는 '내 잘못이 아닐 거야'라는 믿음이 단단히 자리 잡고 있어, 막상 스스로를 돌아보아야 하는 순간이 오면 조용히 시선을 피해버리곤 합니다.

비난으로 얻는 게 있는지 스스로 묻게 하자

실패를 남의 탓으로 돌리면 순간의 자존심은 지킬 수 있습니다. 하지만 그 과정에서 아이는 어떤 교훈도 얻지 못하고, 스스로에 대한 신뢰마저 조금씩 잃게 됩니다. 반대로 자신의 몫을 인정하는 아이는 비로소 겸허하게 돌아보고, 그 자리에서 성장을 시작하지요.

쉽게 남을 탓하는 아이에게는 이렇게 물어볼 수 있습니다.

"시험 점수가 나쁘다고 선생님 탓을 하면, 너한테 좋은 점이 있을까?"

아이는 아마도 선뜻 대답하지 못할 것입니다. 그 순간이 오면 서두르지 말고 조용히 기다려 주세요. 질문 하나가 아이 마음속에 단단히 박혀 스스로 생각하기 시작할 테니까요. 자기가 실패한 이유를 주위 사람들 탓으로 돌려봤자 실제로는 아무 도움도 되지 않는다는 사실을 깨닫게 되면, 아이의 시선도 조금씩 달라집니다. 남 탓을 해봐야 돌아오는 이익은 아무것도 없다는 점을, 깨달을 수 있도록 조용히 이끌어 주는 것이 중요합니다.

반대로 "또 남 탓이야?", "왜 항상 변명만 해?"라고 몰아세우면 어떨까요? 그런 말은 아이를 변화시키기보다는 더욱 방어적으로 만들 뿐입니다. 몰리면 몰릴수록 아이는 자신을 지키기 위해 필요 이상으로 핑계를 늘어놓을 것입니다.

그렇다면 아이는 왜 이런 태도를 보이게 되었을까요? 첫 번째로 꼽을 수 있는 이유는 부모가 지나치게 자주 꾸중을 하기 때문입니다. 그렇게 자란 아이는 언제든 다시 혼날까 봐 본능적으로 변명부터 하게 됩니다. 그 결과 조금만 잘못되어도 책임을 미루고, 감정적으로 반응하기 쉬워집니다. 그래서 먼저, 내 말투와 태도를 조용히 돌아보는 과정이 필요합니다. 부모로서 평소에 어떤 말들로 아이를 혼내고 있는지, 적어 보며 스스로를 돌아볼 필요가 있습니다.

또 다른 이유는 부모가 아이의 길을 미리 정해두고, 그 길을 따라가도록 압박하기 때문입니다. 하지만 아이의 삶은 결국 아이의 것입니다. 부모의 생각을 그대로 덧씌우기보다, 스스로 선택하고 책임질 여지를 존중해 주어야 합니다.

저는 발전은 멈춘 채 불평만 반복하는 아이들을 수없이 보아 왔습니다. 그들은 대부분 '부모가 정해준 길'을 대신 달리고 있었습니다. 이것은 부모의 역할이 아닙니다. 아이가 자기 힘으로 걸어갈 준비를 하도록 도와야지 억지로 몰아붙이는 것은 절대 도움이 되지 않습니다.

💬 아이에게 이렇게 말하면 상처가 됩니다

· 너는 언제나 남 탓을 하는 구나.
· 잘못한 건 너잖아!

💬 아이에게 이렇게 말하면 마음이 열립니다

· 어른들 탓으로 돌리면 너에게 어떤 좋은 점이 있을까?
· 늘 남 탓만 하면 네가 발전할 수 있을까?

💬 아이의 마음을 움직이는 부모의 태도

· 평소 아이를 대할 때 혹시 지나치게 꾸중이 앞서지는 않았는지 조용히
  태도를 돌아본다.
· 남을 탓해봐야 돌아오는 이익은 아무것도 없다는 것을 아이가 자연스럽
  게 깨달을 수 있도록 이끌어 준다.
· 아이의 삶에 부모의 생각을 덧씌우기보다, 아이 스스로 선택하고 책임
  질 여지를 존중한다.

   불안의 시간을 건너는 너를 지키는 말

문제를 피하고
"난 상관없어"라며 회피해요

어느 날, 담임 선생님에게 전화가 걸려왔습니다.

"요즘 지후가 민호를 자주 괴롭히는데요. 혹시 집에서는 어떤가요?"

그 말을 들은 순간 어머니는 놀라서 가슴이 철렁 내려앉았습니다. 급히 지후에게 사실 여부를 물어보았지만, 아이는 눈을 피한 채 "나랑 상관없어."라고 짧게 말하며 모른 척했습니다. 이어서 무슨 상황이었는지 다시 물어도 지후는 말끝을 흐리며 방으로 들어가 버렸습니다.

지후의 그 태도 속에는 어른들이 내미는 손길을 밀어내려는 조심스러운 거리감이 분명 존재했습니다.

그날 밤, 어머니는 휴대전화 화면에 남은 통화 기록을 몇 번이나 다시 확인하며 한동안 깊은 생각에 잠겨 있었습니다. 지후는 여전히 방 안에서 인기척 없이 조용히 있었고, 어머니는 문을 두드릴까 말까 하는 마음으로 늦은 밤까지 서성였습니다.

끝까지 피하지 않고 자신과 마주하도록 돕자

자기 일인데도 모르는 척할 때는, 아이가 문제를 회피하지 않고 스스로 직면할 수 있도록 부드럽게 이끌어 주어야 합니다. 잘잘못을 따지며 다그치기보다, 먼저 감정이 격해지지 않도록 아이를 진정시키는 태도가 중요합니다. 이때 가장 먼저 해야 할 일은 사실관계를 차분히 확인하는 것입니다.

"정말 너와는 아무 상관 없는 일이니?"

"네, 상관없어요."

아이가 이렇게 버티며 인정하지 않으면, 한 걸음 더 들어가 묻습니다.

"그렇다면 담임 선생님은 왜 그런 전화를 하셨을까?"

"선생님이 혼자 그렇게 생각한 거겠죠."

"그래? 그럼 학교에 가서 직접 확인해도 괜찮을까?"

이렇게 실제로 확인해 보았을 때, 아이가 거짓말을 했다는 사실이 드러난다면 바로 추궁하는 대신 조용히 물어봅니다.

"무슨 이유로 거짓말을 했어?"

아이들이 거짓말을 하는 이유는 대부분 혼나고 싶지 않아서입니다. 그러므로 "거짓말하면 안 돼."라고 다그치기보다, 왜 그렇게까지 숨기려 했는지 스스로 말할 기회를 줘야 합니다. 이때 서둘러 답을 요구하지 않고, 아이가 반성할 때까지 묵묵히 기다려 주는 태도가 필요합니다.

다짜고짜 몰아붙이거나 자백을 강요하는 방식은 오히려 아이를 더 깊이 숨게 합니다. 지금 일어난 일을 아이가 정면에서 바라볼 수 있게 옆에서 조용히 이끌어 주는 편이 훨씬 효과적입니다.

부모와 이런 대화를 주고받는 과정에서 아이는 자연스럽게 자신의 내면을 들여다보게 됩니다. 왜 그런 행동을 했는지, 상대는 어떻게 느꼈을지, 자신 안의 어떤 약한 부분이 그런 행동을 이끌어냈는지 조용히 돌아보는 시간이 생깁니다.

아이에게 문제가 생겼다는 것은 사실 성장의 기회이기도 합니다. 부모가 큰소리로 바로잡아 주는 것이 아니라, 아이 스스로 깨닫고 다시 방향을 세우도록 도와 주세요. 아이가 눈앞의 일을 차분히 받아들이고 용기 있게 마주하는 마음을 배워 나간다면, 역경처럼 보이던 순간도 어느새 순풍이 되어 아이를 더 단단하게 밀어줄 것입니다.

💬 아이에게 이렇게 말하면 상처가 됩니다

- 다른 사람을 괴롭히는 것은 나쁜 짓이야!
- 왜 이렇게 못되게 구니?

💬 아이에게 이렇게 말하면 마음이 열립니다

- 무슨 이유로 그렇게 했어?
- 거짓말을 해서라도 지키고 싶었던 게 뭘까?

💬 아이의 마음을 움직이는 부모의 태도

- 잘잘못을 따지며 다그치기보다 감정이 격해지지 않도록 아이를 먼저 진정시킨다.
- 외면하거나 숨지 않도록 지금 일어난 일을 바라볼 수 있게 옆에서 이끌어 준다.
- 서둘러 답을 요구하지 않고 아이가 반성할 때까지 묵묵히 기다려 준다.

불안의 시간을 건너는 너를 지키는 말

의견이 받아들여지지
않으면 격해져요

준서는 친구와 의견이 조금만 엇갈려도 마음이 곧장 불편해지는 아입니다. 누군가 "그건 조금 아닌 것 같아."라고 말하면, 단순한 의견일 뿐인데도 비난처럼 들리는지 표정이 순식간에 굳어버립니다. 말끝이 올라가고 어깨가 살짝 경직되면서 방금까지 웃고 있던 분위기가 금세 냉랭해집니다.

친구가 당황해 한두 마디 더 설명하려 하면, 준서는 그 말마저 공격으로 받아들이는 듯 한층 더 날 선 대답을 내뱉습니다. 주변 친구들이 달래려고 해도 준서는 이미 마음이 상한 뒤라 좀처럼 진정하지 못합니다.

상황이 커지고 난 후에야 준서는 가만히 앉아 손끝을 만지작거리며, 아까의 말과 표정이 왜 그렇게까지 신경 쓰였는지 혼자 되묻곤 합니다. 하지만 그 마음을 쉽게 털어놓지 못한 채, 조심스레 친구들 사이를 오가며 하루를 보내고 있습니다.

생각의 차이는 성장의 기회임을 알려주자

상대가 자신의 의견에 반대하거나 고개를 끄덕여 주지 않으면, 그 순간 곧바로 '나를 싫어하는구나.', '나를 부정하는 거야.'라고 느끼며 화를 내는 아이들이 있습니다. 특히 아직 인생 경험이 많지 않은 아이일수록, 생각에 대한 반박과 '나'라는 사람에 대한 부정을 쉽게 구분하지 못합니다. 따라서 부모는 아이가 이 점을 부담 없이 받아들일 수 있도록 알려 주어야 합니다.

그럴 때는 이렇게 이야기해 볼 수 있습니다.

"사람들은 모두 자기만의 다양한 의견을 가지고 있겠지? 예를 들어, 너는 개보다 고양이가 더 똑똑하다고 생각할 수 있고, 네 친구 지훈이는 고양이보다 개가 더 영리하다고 생각할 수도 있어. 그렇다고 해서 어느 쪽이 절대적으로 맞다, 틀리다고 단정할 수는 없잖아. 이렇게 생각이 다르니까 오히려 그 주제에 대해 더 깊이 이야기해 보고, 새로운 아이디어를 떠올리게 되지 않을까? 의견이 다르다고 해서 지훈이가 너를 싫어하거나 무시하는 건 아니야. 그냥 '나는 이렇게 생각해.'라고 말하는 것뿐이야."

의견에는 하나의 정답만 있는 것이 아닙니다. 다양한 관점이 있기 때문에 대화가 생기고, 그 대화 덕분에 세상을 보는 눈이 넓어지기도 합니다. 이것을 아이가 또렷하게 이해할 수 있도록, 반복해서 알려 주는 것이 중요합니다.

또 한 가지, 어떤 상황에서 말다툼이 시작되는지 아이에게 차분히 물어보는 과정도 필요합니다. 이때 "그건 네가 틀렸네.", "네가 너무 예민하게 굴었네." 같은 말로 바로 판단을 내려 버리면, 아이는 금세 마음을 닫아 버립니다. 먼저 적당히 맞장구를 쳐 주고, "그랬구나, 그래서 네가 기분이 나빴구나." 하고 감정을 헤아려 주면서 이야기를 끝까지 들어 주세요. 그러면서 상대가 어떤 마음으로 그런 말을 했는지, 아이가 한 걸음 물러서 상상해 볼 수 있도록 자연스럽게 이끌어 주면 좋습니다.

그렇게 경위를 다 들은 뒤에야 비로소 다른 관점을 제시할 수 있습니다.

"어쩌면 지훈이는 이런 식으로 생각했을 수도 있겠다. 네 입장에서는 섭섭했겠지만, 지훈이 입장에서 보면 이런 마음이었을지도 몰라. 너는 어떻게 생각해?"

이렇게 상대의 입장에서 다시 한번 바라보는 습관이 조금씩 자리 잡으면, 자신의 의견이 반박되더라도 아이는 점점 더 침착하게 받아들이게 됩니다.

상대의 감정을 읽고, 나와 다른 가치관을 받아들이는 힘은 앞으로 사회생활을 하는 데 꼭 필요한 능력입니다. 어릴 때부터 뉴스에 나온 사회문제나 일상에서 생기는 작은 사건들을 두고 가족이 함께 이야기 나누며, "왜 저렇게 됐을까?", "다른 선택도 가능했을까?"를 함께 생각해 보세요. 이렇게 일상에서 마주치는 다양한 사건에 대해 부모와 자녀가 함께 이야기하고 서로의 생각을 나누는 습관을 꾸준히 길러 주면, 아이는 자연스럽게 여러 관점을 받아들이는 연습을 하게 됩니다. 그렇게 '당연한 것처럼 보이는 일'을 한 번 더 곱씹어 보는 시간이 쌓일수록, 아이는 다양한 의견 속에서도 흔들리지 않고 관계를 이어갈 수 있는 힘을 키우게 됩니다.

💬 아이에게 이렇게 말하면 상처가 됩니다

- 너는 늘 네가 하고 싶은 말만 하는구나.
- 상대방 말도 제대로 들어야지.

💬 아이에게 이렇게 말하면 마음이 열립니다

- 다양한 의견이 있는 것이 훨씬 좋은 일이란다.
- 생각이 다를 뿐이지 네가 잘못했다고 말하는 게 아니야.

💬 아이의 마음을 움직이는 부모의 태도

- 생각이 다르다는 사실이 곧 나를 부정하는 것이 아니라는 것을 부드럽게 알려 준다.
- 상대가 어떤 마음으로 그런 말을 했는지 아이가 한 걸음 물러서 생각해 볼 수 있도록 이끌어 준다.
- 일상에서 마주치는 다양한 사건에 대해 함께 이야기하며 서로의 생각을 나누는 습관을 꾸준히 길러 준다.

코치의 한 줄 통찰: "될 거야"라고 믿는 순간, 길이 열린다

1. 평범한 기준에서 살짝 비켜선 사람들

성공한 사람들의 발자취를 찬찬히 따라가 보면, 공통점이 하나 보입니다. 사고방식이 '평범한 기준'에서 살짝 비켜나 있다는 점입니다. 많은 사람들이 이렇게 생각합니다.

"필요 이상의 노력은 굳이 안 해도 된다."

"딱 해야 할 만큼만 하면 되지, 더 할 필요는 없잖아."

하지만 어떤 디자이너는 정반대로 말합니다.

"필요 없어 보이는 과정이 결국 나만의 스타일을 만든다."

남들이 건너뛰는 단계, 아무도 신경 쓰지 않는 사소한 디테일에 그는 시간을 들였습니다. 이미 괜찮아 보이는 결과물도 몇 번이고 다시 손봤습니다. 다른 사람 눈에는 에너지 낭비처럼 보였지만, 그에게는 그것이야말로 자신만의 세계를 쌓아 올리는 시간이었다는 걸 나중에서야 알 수 있습니다.

멀리 돌아가는 길 같던 그 과정이, 사실은 누구도 따라올 수 없는 실력을 만드는 가장 빠른 지름길이었던 셈입니다. 결국 "이 정도면 됐어."라고 말하는 사람과, "조금만 더 해 볼까?"라고 한 번 더 손을 얹는 사람 사이에서 인생의 간격은 서서히 벌어집니다.

2. '되면 좋겠다'와 '되겠다'의 아주 작은 차이

1%의 성취를 이루는 사람들은, 나머지 99%와 전혀 다른 세상에 사는

　　　　　　　　　　불안의 시간을 건너는 너를 지키는 말

특별한 존재처럼 보이기도 합니다. 하지만 자세히 들여다보면, 엄청난 재능보다 먼저 생각의 차이가 있습니다. 대부분의 사람은 이렇게 말합니다.

"유명한 연구자가 되면 좋겠다."

"언젠가 사람들이 찾는 전문가가 되면 좋겠어."

반면 어떤 소수는 어릴 때부터 속으로 이렇게 되뇌입니다.

"나는 연구자가 될 거야."

"나는 언젠가 사람들이 먼저 찾는 전문가가 될 거야."

말만 다를 뿐인 것처럼 보이지만, 이 두 문장 사이에는 결정적인 차이가 있습니다.

'되면 좋겠다'는 소망에 가깝고, '되겠다'는 결정에 가깝습니다. 소망은 마음에만 머물 수 있지만, 결정은 행동을 데리고 옵니다.

"되면 좋겠어."라고 말하는 사람은 상황이 힘들어지면 쉽게 물러날 수 있습니다. 하지만 "되겠다."고 마음을 정한 사람은, 힘들어질수록 '그렇다면 여기서 무엇을 더 바꿔야 하지?'를 묻게 됩니다. 결국 삶을 바꾸는 것은 거창한 결심이 아니라, 매일의 선택을 바꾸는 작은 문장 하나일지도 모릅니다.

3. 아이의 미래 문장에 개입하는 어른의 시선

아이들이 장래희망을 말할 때, 어른들은 종종 웃으며 이렇게 말합니다.

"세상일이 그렇게 쉽게 되니?"

"그것도 좋지만, 현실적으로 생각해야지."

물론 현실을 알려 주는 것도 필요합니다. 하지만 아직 세상에 발을 내

딛어 보기도 전에, 아이 마음에 싹트는 "될 거야."라는 문장을 너무 일찍 잘라 버리면 어떻게 될까요? 아이는 "하고 싶은 걸 말해도 되나?"를 먼저 배울 것입니다.

그래서 부모의 믿음이 중요합니다. 부모가 속으로라도 "이 아이는 언젠가 자기 자리를 찾을 거야."라고 정해 두면, 그 믿음이 아이의 말투와 눈빛을 조금씩 바꿔 줍니다.

아이의 꿈을 대신 설계하라는 뜻이 아닙니다. 다만 아이가 자기 입으로 "될 거야."라고 말할 수 있는 사람으로 자랄 수 있게, 그 문장을 비웃지 않는 어른으로 곁에 서 주자는 뜻입니다.

4. "이 아이는 분명 자기 자리를 찾을 거야"라는 마음

부모의 믿음은 정해진 답이 아니라, 아이를 향한 시선입니다.

"이 아이는 꼭 성공해야 한다."라고 생각하면 부모는 성적, 수상 경력, 스펙에만 눈길이 가기 마련입니다. 반대로 "이 아이는 언젠가 자기 자리를 찾을 거야."라고 생각하면 시선은 자연스럽게 아이의 관심, 기질, 작은 변화를 향합니다.

전자는 아이를 끌고 가고 싶은 마음으로 이어지고, 후자는 아이 옆에서 함께 걸어가고 싶은 마음으로 이어집니다. 어릴 때부터 "넌 반드시 이 길로 가야 해."라는 메시지만 듣고 자란 아이는, 길이 막혔을 때 스스로 방향을 바꾸기 어려워집니다. '이 길에서 못 버티면 나는 실패한 사람'이라는 생각에 사로잡히기 쉽지요.

반대로 "네가 어떤 길을 가더라도, 끝까지 가 보고 싶다면 나는 응원할게."라는 분위기 속에서 자란 아이는, 한 번 넘어져도 인생 전체가 망했다고 느끼지 않습니다. 잠시 쉬고, 돌아가고, 다른 길을 찾을 여유를 마음속에 품게 됩니다.

부모의 믿음은 아이의 인생을 대신 책임지겠다는 선언이 아니라 어떤 상황에서도 아이의 가능성을 포기하지 않겠다는 약속에 가깝습니다.

5. "될 거야"라고 믿는 순간부터 시작되는 길

사실 "될 거야."라는 말은 마법의 주문이 아닙니다. 하지만 그 말을 진심으로 믿기 시작하는 순간, 길을 고르는 기준이 조금씩 달라집니다. 쉽고 안전한 길보다 조금 힘들어도 배울 것이 많은 길을 선택하게 되고, 간단히 끝낼 수 있는 일에도 한 번 더 손이 가게 만들 것입니다. 그리고 이것은 아이가 더 성장할 수 있는 기회를 가져다 줄 것입니다.

따라서 부모가 아이에게 해 줄 수 있는 가장 큰 선물 중 하나는, 스스로 자기 인생에 대해 '될 거야.'라고 말할 수 있는 용기를 키워주는 일입니다. 부모가 아이를 믿어 주는 것 역시 그런 용기를 뿌리내리게 하는 중요한 시작점입니다.

그 믿음은 아이를 앞에서 끌어 주는 것도, 대신 길을 열어 주는 것도 아닙니다. 그보다는 길 위에서 흔들리고, 돌아가고, 멈춰 서더라도 언젠가 자기만의 속도로 끝내 걸어갈 수 있으리라는 가능성을 지켜보는 마음에 가깝습니다. 또한 부모의 이런 마음은 아이에게 보이지 않는 등받이가 되어 줄 것이며 아이가 "될 거야."라고 진심으로 믿는 순간, 그 길은 조금씩 열릴 것입니다.

스스로 움직이는
'주체적인 아이'로 키우는 법

시킨 일만 하고 스스로 나서지 않아요

민준이는 자발적으로 움직이는 일이 거의 없습니다. 운동장에 서 있으면 먼저 몸을 푸는 법이 없고, 얼굴에는 늘 해야 해서 하는 사람 특유의 표정이 남아 있습니다. 주변 친구들이 기록을 재고 동작을 점검할 때도 민준이는 멀찍이 서서 그 모습을 바라볼 뿐입니다.

집에서도 상황은 비슷합니다. 부모님이 "내일 시험이니까 공부해야지."라고 말을 해야 겨우 교과서를 펼칩니다. 그 와중에도 한숨을 내쉽니다. 그러니 책을 펴고 앉아도 자주 펜 끝이 멈추고 책장 넘기는 소리는 점점 느려집니다. 그렇게 방 안에는 움직임보다 정적이 더 오래 머뭅니다.

◆◆ **코칭 노트** ◆◆

'해야 해서'가 아닌 '하고 싶어서' 움직이게 하자

사람이 목표를 향해 움직이는 힘에는 두 갈래가 있습니다. 하나는 외적 동기, 다른 하나는 내적 동기입니다.

외적 동기는 말 그대로 바깥에서 주어지는 압력에서 시작됩니다. 규칙, 강제, 명예, 타인의 평가, '해야 한다'는 당위 같은 것들이죠. 이 동기는 주변에서 좋은 평가를 받기 위해 움직이게 하지만, 마음 깊은 곳에서 우러난 것이 아니기 때문에 오래 지속되기 어렵습니다. 누가 옆에서 "해."라고 말해 주지 않으면 금세 멈추게 되고, 스스로 다시 동력을 만들어내지도 못합니다. 민준이가 바로 그런 상태에 머물러 있는 것입니다. 이럴 때 부모는 외적 동기에만 기대어 아이를 움직이려 하기보다, 아이 마음 속에서 무엇이 진짜로 움직이고 있는지를 먼저 살피려는 태도가 필요합니다.

반면, 내적 동기는 자신의 내면에서부터 자연스럽게 솟아오르는 힘입니다. 호기심과 흥미, '해 보고 싶다'는 마음이 적극적으로 움직이도록 유도합니다. 남의 시선이나 평가와 무관하게 행동 자체를 즐기기 때문에 동기가 오래가고, 목표에 닿을 때까지 쉽게 꺾이지 않습니다. 이렇게 쌓인 성취는 또 다른 도전을 향한 발판이 됩니다. 아이 안에서 스스로 생겨나는 내적 동기를 믿고 기다려 줄 때, '시키니까 하는 아이'에서 '스스로 움직이는 아이'로 조금씩 바뀌어 갑니다.

민준이에게 필요한 것은 억지로 끌어올리는 '시키는 동기'가 아니라, 스스로 반응하는 '하고 싶은 마음'입니다. 그러려면 먼저 아이의 흥미를 알아야 합니다.

"너에게 제일 신나는 일이 뭐니?"

이렇게 물었을 때, "곤충 키우는 게 좋아요. 장수풍뎅이를 키워보고 싶어요."라고 답한다면, 그 마음과 호응하는 제안을 해야 합니다.

"그럼 산에 가서 장수풍뎅이를 찾아볼까? 애벌레를 함께 키워보는 건 어때?"

이런 말은 아이가 품고 있던 흥미를 자연스럽게 밖으로 끌어내고, 내적 동기를 단단하게 만드는 출발점이 됩니다.

부모가 아이의 관심사를 눈여겨보고, 그 세계를 함께 즐기려는 태도를 보여 줄수록 아이의 마음은 더 쉽게 열리고 내적 동기는 더 깊게 자라납니다.

💬 아이에게 이렇게 말하면 상처가 됩니다

- 네 일은 네가 알아서 해야지.
- 곤충을 좋아한다고? 네 취향도 참 희안하다.

💬 아이에게 이렇게 말하면 마음이 열립니다

- 네가 정말로 하고 싶은 일이 뭐야?
- 관심 가는 일이 뭔지 같이 찾아볼까?

💬 아이의 마음을 움직이는 부모의 태도

- 외적 동기에만 기대어 아이를 움직이려고 하지 않는다.
- 아이 안에서 스스로 생겨나는 내적 동기를 믿고 기다려 준다.
- 아이의 관심사를 눈여겨보고 함께 즐기려는 태도를 보여 준다.

공부와 동아리 활동의
균형을 힘들어해요

준호는 요즘 농구에 완전히 빠져 있습니다. 학교에서 연습을 마치고 집에 돌아오면 옷은 땀으로 흠뻑 젖어 있고, 몸은 힘이 풀려 걷는 것조차 버거워 보입니다.

농구를 할 때만큼은 눈빛이 또렷하지만, 공부 앞에서는 힘이 빠집니다. 시험 날짜가 다가와도 마음은 늘 농구장에 머물러 있는 듯하고, 수업 시간에 나누는 이야기 속에서도 경기와 연습 이야기가 먼저 나옵니다.

그러다 보니 성적은 점점 떨어지고 과목별 누락된 과제들이 쌓여 갑니다. 선생님이 걱정스러운 눈빛으로 이야기를 건네도, 준호는 고개를 끄덕일 뿐 크게 달라지는 모습은 없습니다.

집에서도 분위기는 비슷합니다. 부모가 말을 걸어도 대답은 짧고, 책상 위에는 미처 정리하지 못한 공책과 잡다한 연습 일정이 뒤섞여 있습니다. 그렇게 준호의 하루는 농구로 채워지고, 다른 영역은 천천히 뒤로 밀려나고 있습니다.

둘 다 완벽히 하려 하기보다, 우선순위를 정하게 하자

저는 아이가 가진 가능성의 흐름을 좇는 것이 가장 자연스러운 성장 방식이라고 믿습니다. 아이가 진정으로 원하는 일이 있다면, 억지로 두 가지를 동시에 붙잡게 할 필요는 없습니다. 농구에 빠져 있다면 마음껏 몰입하도록 응원해 주세요. 좋아하는 일에 온전히 힘을 쏟는 순간, 아이는 주체적으로 선택하고 책임지는 경험을 하게 됩니다. 그 힘을 꺾지 않는 것이 무엇보다 중요합니다. 물론 걱정은 되겠지만 부모는 아이가 스스로 선택할 수 있는 여지를 남겨 두고, 그 선택을 존중하려는 마음가짐을 가질 필요가 있습니다.

아이의 목표에 따라서는 동아리 활동에 집중하는 편이 더 나을 때도 있고, 반대로 공부에 전념하는 것이 필요할 때도 있습니다. 때로는 두 가지를 병행해야 달성할 수 있는 목표가 생기기도 하지요. 중요한 것은 아이가 스스로 선택한 길에서 왜 이 노력이 필요한지 깨닫는 것입니다. 때가 오면 아이가 자기 길을 찾을 것이라고 믿고, 조급해 하지 않으며 느긋하게 기다려 주는 태도가 결국 아이를 올바른 방향으로 이끌어 줍니다.

예전에 야구 선수가 되기를 꿈꾸던 한 중학생이 있었습니다. 특별한 재능이 있는 편은 아니었지만, 우수한 야구부가 있는 도립고등학교 진학을 목표로 삼았습니다. 야구만 잘해서 갈 수 있는 학교가 아니었기에, 그는 야구와 공부를 모두 잡기 위해 필사적으로 노력했습니다. 결국 두 영역을 균형 있게 병행하며 합격했고, 고등학교에서 잠재력이 드러나기 시작했습니다. 대학 야구부에서 활약했고, 마침내 프로 무대에 오르는 꿈까지 이뤘습니다. 필요성이 생기면 아이는 스스로 두 가지를 조율하며 나아갑니다.

중학교 2학년 검도부 학생의 이야기도 기억에 남습니다. 짧은 기간 동안 실력이 놀랄 만큼 올라갔지만, 갑자기 의욕을 잃어 부모님이 데려온 아이였습니다. 오래 이야기한 끝에, 그 학생은 조용히 자신의 꿈을 들려줬습니다.

"제 꿈은 간호사예요."

그 학생에게 중요한 것은 검도 성적이 아니라 간호사가 되고 싶은 마음이었습니다. 문제는 자신이 희망하는 고등학교의 수준이 조금 높아 주저하고 있었다는 점이었지요.

상담을 이어가며 알게 된 사실은, 그 학교에 스포츠 추천 전형이 있어 검도 실력이 입시에 도움이 된다는 것이었습니다. 즉 원하는 고등학교에 진학하고자 검도를 배웠던 건데 시간이 지날수록 간호사라는 꿈보다 검도 실력에만 초점이 맞춰지니 의욕을 상실한 것이었습니다. 상담 후 결과를 말씀드리자 부모님도 더 이상 검도만 고집하지 않고 아이의 꿈을 응원하기로 마음을 바꾸셨습니다. 그 순간, 학생은 자발적으로 다시 검도에 몰입했고 뛰어난 성과를 냈습니다. 그리고 학원 선생님이 어렵다고 말하던 고등학교에도 합격했습니다.

이 사례에서도 알 수 있듯이 운동이든 공부든, 아이가 마음을 다해 노력하고 있다면 그 열정을 있는 그대로 응원해 주는 것이 부모가 해 줄 수 있는 가장 든든한 지원입니다. 아이에게 억지로 두 마리 토끼를 다 잡아야 한다고 강요하지 않고, 아이의 의사를 진심으로 존중해 줄 때 길은 열린다는 사실을 저는 여러 경험을 통해 확인해 왔습니다. 그렇게 마음의 부담을 덜게 되면 아이는 자신이 원하는 방향을 스스로 선택하고, 그 길을 흔들림 없이 걸어갈 힘을 갖게 될 것입니다.

 ## 아이에게 이렇게 말하면 상처가 됩니다

- 운동만 할 게 아니라 공부도 해야지.
- 두 가지 다 해낼 수 없으면 운동은 그만 둬.

 ## 아이에게 이렇게 말하면 마음이 열립니다

- 운동을 하고 싶으면 마음껏 해 봐.
- 좋아하는 일을 하는 게 가장 좋지.

 ## 아이의 마음을 움직이는 부모의 태도

- 아이가 스스로 선택할 수 있는 여지를 남겨 둔다.
- 때가 오면 아이가 자기 길을 찾을 것을 믿고 느긋하게 기다려 준다.
- 운동이든 공부든 아이가 마음을 다해 노력하고 있다면 그 열정을 온전히 응원해 준다.

무엇이든 작심삼일로 끝나요

민서는 영어의 기본기를 다지는 것을 목표로 삼고 라디오 영어 회화를 매일 듣겠다고 다짐했습니다. 처음 며칠은 열심이었습니다. 아침에도 이어폰을 끼고 있었고, 집에 돌아오면 영어 교재를 펼쳐 놓곤 했습니다. 표정에는 "이번에는 꼭 해 보겠다"는 의지가 비쳤지요.

하지만 그 열정은 오래가지 않았습니다. 일주일이 지나자 라디오는 거의 켜지지 않았고, 책상 위 교재도 다시 다른 책들 밑으로 밀려났습니다. 영어 노트는 멈춘 페이지에서 더 이상 넘어가지 않았습니다.

사실 이런 모습은 처음이 아니었습니다. 운동을 해보겠다며 샀던 줄넘기는 며칠 만에 서랍 속으로 들어갔고, 독서 습관을 만들겠다며 고른 책은 첫 장만 넘기고 그대로였습니다.

처음 시작할 때는 해내겠다는 의지가 있었지만, 조금만 시간이 지나면 쉽게 흐트러지는 마음을 민서 스스로도 어쩌지 못했습니다. 그래서 매번 계획이 멈춰버릴 때마다 방 안에는 끝맺지 못한 시도들의 흔적들이 조용히 쌓여만 갔습니다.

◆◆ 코칭 노트 ◆◆

작은 목표부터 차근차근 성취하게 하자

민서가 영어의 기본기를 다지는 것을 목표로 삼고 라디오 영어 회화를 매일 듣겠다고 결심할 때는 분명 의지가 있었을 것입니다. 하지만 하루에 해내야 하는 목표가 지나치게 높았던 탓에 그 마음은 오래가지 않았습니다. 목표가 높으면 동기 부여가 될 것 같지만, 한꺼번에 달성하려 하면 부담만 커지고 오히려 의욕이 꺾여버립니다. 그럴 때는 먼저 민서가 처음 가졌던 마음을 떠올리게 하고, 왜 꾸준히 이어지지 않았는지 차분히 이야기해 볼 필요가 있습니다.

"영어 회화를 하겠다고 한 걸 보면 열심히 해 보려는 마음은 있었던 것 같은데 왜 멈추게 되었을까?"

"라디오 영어회화가 너무 재미없어요. 모르는 단어도 많이 나오구요."

이런 솔직한 대답이 나온다면 방향을 다시 잡으면 됩니다.

"그럼 더 흥미가 가는 교재로 바꿔보면 어떨까? 영어는 기본기가 중요하니까 초급 단계부터 시작하는 게 좋을 것 같아."

즉, 목표를 세분화해 지금 당장 실천할 수 있는 지점부터 시작하도록 이끌어 주는 태도가 필요합니다.

제가 상담하는 학생들 중에도 결심이 오래가지 않아 스스로 실망하는 경우가 많습니다. 처음에는 의욕이 충분하지만, 계획대로 되지 않는 날이 이어지면 금세 자신감을 잃고 의지를 내려놓으려 하곤 합니다. 그럴 때 저는 이렇게 이야기합니다.

"우선 작은 목표부터 시작해 볼까요?"

크게 세운 목표를 여러 단계로 나누고, 지금 당장 해낼 수 있는 일을 먼저 시작하는 것이 꾸준함을 만드는 가장 현실적인 방법입니다.

민서도 마찬가지입니다. 재미없는 라디오 대신 본인이 흥미를 느끼는 교재로 바꾸고, 매일이 부담스럽다면 일주일에 한 번부터 시작해도 좋습니다. 초급 단계에서부터 시작해 월별로 목표를 조금씩 올리는 방식으로 계획을 세우면 됩니다.

작은 성공이 차곡차곡 쌓일 때 비로소 동기가 살아난다는 사실을 기억하고, 그 과정을 지켜봐 주는 것이 부모의 중요한 역할입니다. 성취가 하나씩 쌓이면 자신감도 다시 살아나기 마련입니다. 그렇게 다시 동기부여가 되면, 민서는 스스로 목표를 향해 꾸준히 걸어갈 힘을 얻게 될 것입니다.

 ## 아이에게 이렇게 말하면 상처가 됩니다

- 그렇게 끈기가 없어서 어떡하니?
- 어차피 작심삼일로 끝나겠지.

 ## 아이에게 이렇게 말하면 마음이 열립니다

- 계속 이어가지 못한 이유는 뭐라고 생각하니?
- 쉽게 달성할 수 있는 작은 목표부터 세워보는 게 어때?

아이의 마음을 움직이는 부모의 태도

- 중단한 이유를 차분히 들어 주고 아이의 마음을 이해해 준다.
- 목표를 세분화해 지금 당장 실천할 수 있는 지점부터 다시 시작하도록 이끌어 준다.
- 작은 성공이 쌓일 때 비로소 동기가 살아난다는 사실을 기억하고 그 과정을 지켜봐 준다.

변덕이 심해 집중하지 못해요

유진이는 얼마 전까지만 해도 "과학자가 되고 싶다"고 말하던 아이였습니다. 책상 한쪽에는 실험 도구 모형과 과학 잡지가 늘어져 있었고, 주말이면 과학 다큐멘터리를 찾아보며 원소 이름을 외우기도 했습니다. 그런데 그 열기가 채 식기도 전에 어느새 화구 세트가 책상 위에 놓였습니다. 학교 미술 시간마다 여러 가지 색을 섞어 보며 그림 그리는 재미에 푹 빠져 있었지요.

영상 제작 동아리 홍보 포스터를 보고는 "세상 속 이야기를 직접 담아 보고 싶다"며 사진과 영상에도 호기심을 보였습니다.

요즘 들어서는 방향이 또 달라졌습니다. 밴드부 영상을 보고 눈을 반짝이더니, 친구들과 밴드를 만들겠다고 말합니다. 방 안에는 과학 실험 도구, 화구 세트가 그대로 방치되어 있는데 그 사이로 작은 장난감 기타가 하나 더 자리 잡았습니다.

유진이의 가슴속에는 "이것도 해 보고 싶고, 저것도 해 보고 싶다"는 마음이 가득하지만, 무엇을 언제까지 해 보겠다는 계획은 아직 뚜렷하지 않습니다.

변덕도 시도의 일부, 경험이 곧 성장이다

저는 변덕을 부정적으로 보지 않습니다. 누군가는 변덕을 창의성과 재능의 다른 이름이라고 말하기도 하지요. 아이가 좋아 보이는 여러 활동들을 시도해 보는 것은 결코 흔들림이나 불안정의 표시가 아니라, 스스로의 세계를 더 넓히는 과정이라고 생각합니다.

실제로 무언가에 깊이 몰입해 탁월한 성과를 이룬 많은 사람들은, 어린 시절부터 단 하나의 길만 고집했던 것이 아니라 여러 분야를 두루 경험했습니다.

예를 들어 세계적인 창작자와 과학자들은 어린 시절 미술·음악·과학 실험·독서·글쓰기·야외 활동 등 서로 다른 경험을 폭넓게 누렸습니다. 스티브 잡스는 서예 수업에서 배운 감각이 훗날 제품 디자인에 결정적 영향을 주었다고 말했습니다. 아인슈타인이 어린 시절 바이올린과 산책을 즐기며 사고력을 키웠다는 일화도 잘 알려져 있지요. 현대 교육에서도 한 아이가 다양한 활동을 경험하는 것을 자연스럽고 바람직한 성장 과정으로

봅니다. 여러 분야를 두드려 보며 축적된 경험이 결국 한 사람의 깊이와 창의성, 그리고 미래의 성취로 이어진다는 믿음 때문입니다.

아이들에게는 일상에서 겪는 모든 일이 미래를 준비하는, 꼭 필요한 경험이라는 점을 부모가 먼저 이해해야 합니다. 그런 의미에서 아이가 해 보고 싶은 것들을 막지 말고, 스스로 선택해 경험하도록 지켜봐 주세요. 아직 '이거다!'라고 느끼는 것이 없다면 더더욱 여러 곳에 발을 담가 볼 필요가 있습니다. 언젠가 마음이 또렷하게 향하는 순간이 찾아오고, 그때 집중해도 결코 늦지 않습니다.

저 역시 전문 상담사가 되기까지 14가지 직업을 전전했습니다. 아르바이트를 그만둘 때마다 누군가 "진짜 하고 싶은 게 뭐냐"고 묻곤 했지만, 그때의 저는 제대로 대답할 수 없었습니다. 안개 속에 서 있는 듯 막막했고 방향도 분명하지 않았습니다. 그런데 지금 돌아보면, 그 모든 경험이 지금의 저를 만드는 데 반드시 필요했던 시간들이었습니다.

아이가 이것저것 기웃거릴 때 부모는 불안해질 수 있습니다. 하지만 아이가 하는 경험 중 어떤 것도 헛된 일은 없습니다. 모두가 미래로 이어지는 발판이 되고, 필요한 조각이 됩니다.

모든 아이에게는 저마다의 속도로 빛나는 지점이 기다리고 있습니다. 지금은 그곳에 도달하기 위한 경험을 쌓아가는 중일

뿐입니다. 아이가 스스로 찾아갈 길을 믿고, 조용히 뒤에서 지
켜봐 주세요.

💬 아이에게 이렇게 말하면 상처가 됩니다

- 이것 저것 손만 대고 너는 집중력이 형편 없어.
- 한 가지를 정해서 꾸준히 해야지.

💬 아이에게 이렇게 말하면 마음이 열립니다

- 하고 싶은 일이 있으면 원하는 만큼 마음껏 해 봐.
- 네 가능성은 무한하단다.

💬 아이의 마음을 움직이는 부모의 태도

- 다양한 배움의 경험이 아이를 성장하게 하는 기회임을 인지하고 응원해 준다.
- 아이들에게는 일상에서 일어나는 모든 일이 꼭 필요한 경험임을 이해한다.
- 아이에게 밝은 미래가 기다리고 있음을 먼저 믿고 지켜봐 준다.

불평만 늘어놓고 실행은 없어요

민호는 오늘부터 마라톤 대회를 준비하겠다고 선언했습니다. 며칠 전부터 달리기 영상을 찾아보며 열의를 보였고, 아침 일찍 일어나겠다고 알람까지 맞춰 두었지요. 그런데 막상 운동복을 챙기려는 순간부터 그의 표정이 조금씩 흐려졌습니다. 신발을 신어 보더니 "이거 원래 이렇게 답답했나?" 하고는 금세 벗어 두었고, 옷장 앞에서는 한참을 서성이다가 "이 운동복 색깔이 왜 이렇게 촌스러워 보여?"라며 불만을 털어놓았습니다. 처음에는 장난처럼 들렸지만, 이내 말이 점점 길어졌습니다. 양말이 두껍다, 바지가 너무 헐렁하다며 이유를 바꿔가며 뛰려는 시도조차 하지 않았습니다. 준비 동작을 할 법도 한데, 그는 신발끈만 고쳐 매다가 다시 풀고, 거울 앞에서 옷매무새를 살피다가 또다시 불평을 반복했습니다. 마치 달리기 자체보다 달리기 전의 모든 조건이 먼저 완벽해야 한다는 듯, 사소한 것들에 마음을 쓰며 연습은 한 발짝도 시작하지 못한 채 그대로 멈춰 버렸습니다.

"안 해도 돼"라는 한마디로 스스로 깨닫게 하자

아이의 행동이 내면의 갈등 때문이 아니라 주변 환경에 대한 불평에서 비롯된다면, 억지로 움직이게 하려고 하지 마세요. 어떤 일이든 스스로 선택하고 주체적으로 시작해야 의미가 있기 때문입니다. 이럴 때 가장 효과적인 반응은 단순합니다.

"그럼 하지 않아도 괜찮아."

이렇게 말하고, 이어지는 불평에는 굳이 대응하지 않는 것입니다. 아이가 불만을 늘어놓을 때마다 일일이 반응하면 오히려 감정에 휘둘릴 뿐이고, 상황을 더 복잡하게 만듭니다. 사람은 금지되거나 강요받는 순간 마음이 불편해지고, 오히려 반대로 행동하고 싶은 욕구가 생깁니다. 이를 심리학에서는 '칼리굴라 효과', 혹은 '심리적 저항'이라고 설명합니다.

"절대 보지 마라"고 할수록 더 궁금해지는 것처럼, 인간은 본능적으로 자유를 제한받는 상황을 견디기 어려워합니다. 금지라는 단어를 들으면, 사람들은 오히려 그 행위를 떠올리고 스스로 판단해 보고 싶은 욕구가 생깁니다. 어떤 일을 못하게 할

수록 더 해 보고 싶은 마음이 커지는 심리를 이해하고 활용할 필요가 있습니다.

'해야 한다.', '지금 연습해라.' 같은 지시를 들었을 때 갑자기 의욕이 사라지는 것도 같은 맥락입니다. 자유가 침해되었다고 느끼면 마음은 자연스럽게 반대 방향으로 움직입니다. 강압적인 요구는 아이의 마음을 쉽게 위축시키고 의욕을 떨어뜨리기 때문에, 아이가 스스로 결정할 수 있도록 의사를 존중해 주는 태도가 중요합니다.

민호가 연습을 미루며 잔소리에 더 예민해지는 것도 이 때문입니다. "연습 좀 제대로 해."라는 말은 의욕을 높이기는커녕 부담만 쌓이게 합니다. 반대로 "불평이 계속된다면 굳이 하지 않아도 돼.", "오늘은 연습하지 않아도 괜찮아."라고 말하면, 아이의 마음속에는 오히려 연습하는 장면이 떠오를 것입니다. 정말 쉬어도 되는지, 아니면 다시 시작해야 하는지 스스로 생각하고 판단하게 되는 것이지요.

부모가 한발 물러서 조용히 지켜볼 때, 아이는 자신만의 속도로 다시 움직일 힘을 찾습니다. 공부든 운동이든 강요는 대부분 역효과를 냅니다. 아이가 스스로 선택하고 싶어지도록, '해라.'라는 명령을 하지 않는 것이 훨씬 더 큰 변화를 이끌어냅니다.

💬 아이에게 이렇게 말하면 상처가 됩니다

• 하기로 마음 먹었으면 해야지.
• 뭘 해줘야 연습할 건데?

💬 아이에게 이렇게 말하면 마음이 열립니다

• 싫으면 안 해도 돼.
• 억지로 할 필요 없어.

💬 아이의 마음을 움직이는 부모의 태도

• 아이가 불평불만을 늘어놓을 때마다 일일이 대응하지 않는다.
• 강압적인 요구를 받을수록 위축되고 의욕도 사라지므로 아이의 의사를
  존중해 준다.
• 어떤 일을 못하게 하면 해 보고 싶은 욕구가 강해지는 심리를 이용한다.

뭐든 야무지지만
꿈이나 목표가 없어요

민준이는 공부도 잘하는 데다, 특히 IT와 코딩에 재능이 있어 친구들 사이에서 인기가 많은 아이입니다. 학교 코딩 동아리에서는 직접 프로그램을 제작하거나 대회에서 좋은 성적을 내며 주변 사람들에게 실력을 인정받고 있습니다.

하지만 정작 민준은 자신의 미래를 이야기할 때 늘 "아직 모르겠어요."라고 답합니다. 프로젝트를 마치고도, 진로 상담 시간에도 그는 미래를 생각하는 순간 금세 말문이 막히곤 합니다. 방과 후 컴퓨터실에서 나오며 친구들이 IT 관련 진로를 이야기할 때에도 그는 조용히 웃으며 듣기만 합니다.

특별히 불안해 보이지도 않지만, 그렇다고 어느 분야로 마음이 정해진 것도 아닙니다. 겉으로는 모든 것이 잘 되어 가는 듯하지만, 정작 중요한 질문 앞에서는 한 걸음을 내딛지 못한 채 머물러 있는 모습입니다.

호기심이 자라나는 환경을 만들어 주자

아이에게 억지로 꿈이나 목표를 정하게 하기보다, 스스로 선택할 수 있도록 경험의 폭을 넓혀 주는 일이 먼저입니다. 다양한 체험을 통해 시야가 넓어져야 세상에 어떤 일들이 존재하는지 자연스럽게 알게 되고, 그 안에서 자신만의 목표도 서서히 모습을 드러냅니다.

집 안 곳곳에 직업 도감이나 위인전, 실제 직업 세계를 보여주는 논픽션 책을 둘 수도 있고, 직접 일하고 있는 모습을 보여주는 것도 좋습니다. 요즘은 어린이를 위한 직업체험 테마파크나 기업에서 운영하는 체험 프로그램도 많아 아이가 편하게 다가갈 수 있습니다.

스포츠에 관심이 있다면 함께 경기를 관람하고, 연습 장면을 구경하러 가도 됩니다. 음악을 좋아한다면 콘서트나 라이브 공연을 보여 주고, 미술관·박물관·동물원 같은 장소를 자주 찾는 것도 큰 도움이 됩니다. 중요한 것은 아이가 어떤 순간에 흥미를 보이는지를 세심하게 관찰하고, 그 호기심이 자연스럽게 자랄 수 있는 환경을 만들어 주는 일입니다.

꿈이나 목표가 꼭 특정 직업일 필요는 없습니다. "가난한 사람들을 돕고 싶다.", "미지의 공룡 화석을 발굴하고 싶다."처럼 어떤 사람이 되고 싶은지, 어떤 일을 해 보고 싶은지에 대한 희망도 충분히 소중한 꿈입니다.

어떤 방향이든, 부모는 아이의 가능성을 먼저 믿고 전력으로 응원해야 합니다. 따뜻하게 지지해 주는 태도는 아이가 자신의 길을 스스로 선택하는 데 큰 힘이 됩니다. "너에게는 맞지 않아.", "그건 잘 안 될 거야." 같은 말은 아이의 선택지를 좁히는 말일 뿐입니다. 부모부터 한계를 정해 두지 않는 태도가 필요합니다.

그리고 가장 중요한 원칙이 있습니다. 꿈과 목표는 반드시 아이가 직접 선택해야 한다는 것입니다. 가업을 이어야 한다거나, 부모의 바람이 그렇다는 이유로 목표를 강요하는 태도는 오히려 아이를 억압합니다.

자신의 미래를 스스로 선택하지 못하는 것만큼 괴로운 일은 없습니다. 결국 부모가 진정으로 바라는 것은 성공이 아니라 아이가 자신의 삶을 주도하며 행복하게 성장하는 모습일 것입니다. 따라서 부모의 바람보다 아이의 행복을 먼저 생각하는 시선이 무엇보다 필요합니다.

💬 아이에게 이렇게 말하면 상처가 됩니다

- 너는 목표도 꿈도 없니?
- 네가 엄마, 아빠의 꿈을 대신 이뤄줘야 해.

💬 아이에게 이렇게 말하면 마음이 열립니다

- 다양한 일을 하는 사람들을 만나서 이야기를 폭넓게 들어 보자.
- 조금이라도 관심 가는 일이 있으면 일단 열심히 해 보자!

💬 아이의 마음을 움직이는 부모의 태도

- 아이가 스스로 가능성을 넓히도록 다양한 체험 기회를 마련해 준다.
- 아이의 꿈과 목표를 믿고 따뜻하게 지지해 준다.
- 부모의 바람보다 아이의 행복을 우선적으로 생각해 준다.

자기 의견을
잘 표현하지 못해요

은서는 또래에 비해 유난히 조용하고 소극적인 편입니다. 학교 수업 시간에는 단 한 번도 손을 들어 발표한 적이 없고, 선생님이 질문을 해도 작은 목소리로 짧게 대답하는 것이 전부입니다. 쉬는 시간에도 혼자 책상에 앉아 조용히 시간을 보내는 날이 많습니다.

집에서도 별반 다르지 않습니다. 무엇을 원하는지, 무엇이 불편한지 스스로 말하는 법이 드뭅니다. 표정은 담담하지만 마음속에 있는 이야기를 꺼내는 일만큼은 여전히 어려운 듯합니다.

부모는 그런 은서를 지켜보며 걱정이 깊어집니다. 혹시 아이가 속으로만 고민을 쌓아두는 것은 아닌지, 여러 생각이 스쳐 지나갑니다. 대화를 시도해도 은서는 고개를 끄덕이거나 짧게 답할 뿐, 좀처럼 마음을 열지 않습니다.

아이가 어떤 생각을 하고 있는지, 무엇을 원하는지 알기 어려워 답답함도 점점 커져 갑니다.

소통의 연습이 자신감을 키운다

은서는 틀린 의견을 말했다가 혼날지도 모른다는 두려움을 마음속 깊이 품고 있는 듯합니다. 혹은 예전에 자신의 말을 아무도 들어주지 않았거나 말한 뒤 창피한 경험이 있었을지도 모릅니다. 혹시 그런 마음이 자리 잡고 있는 건 아닌가 싶어 조심스럽게 물어보았습니다.

"왜 네 생각을 말하지 않는 거니?"

이럴 때 아이가 고개를 숙인 채 아무 말도 하지 않는다면, 대답을 억지로 끌어내려 해서는 안 됩니다. 아이가 말할 준비가 되어 있지 않을 때는 압박하지 않고 기다려 주는 태도가 무엇보다 중요합니다. 말하지 못하는 자신을 더 미워하게 되면, 아이는 점점 단단하게 입을 닫아버립니다. 이럴 때는 "말하기 싫으면 안 해도 돼.", "혹시 하고 싶은 말이 생각나면 알려줘."처럼 가벼운 말로 대화를 마무리하는 편이 좋습니다. 밝고 편안한 말투는 아이에게 안전하다는 느낌을 줍니다.

가정에서도 자연스럽게 소통이 늘어날 수 있도록 분위기를 만들어 주는 것이 필요합니다. 그러기 위해서는 질문 하나에도 조금 더 신경을 써야 합니다. 늘 "예." 또는 "아니오."로 대답할 수 있는 질문을 하면 대화는 금방 끝나버립니다. 예를 들어 "오늘 급식 맛있었어?"라고 묻는 대신 "오늘 급식에 뭐가 나왔어?"라고 물으면 아이가 메뉴를 설명하거나 식사 시간에 있었던 일을 이야기하게 됩니다. 이렇게 작은 변화가 대화를 길게 이어 주지요.

또 아이가 좋아하는 주제를 화제로 삼는 것도 방법입니다. 만약 관심 있어 아이돌이 있다면 "엄마는 OO가 제일 멋있는 것 같은데, 너는 누구 좋아해?"처럼 편안하게 물어보세요. 이때 아이의 의견을 부정하거나 반박하지 않는 것이 중요합니다. 아이의 생각을 있는 그대로 받아들이고 존중해 주는 태도가 대화의 폭을 넓혀 줍니다.

의견에는 정답과 오답이 없습니다. 어떤 생각이라도 존중받는다는 느낌을 주면 아이는 점점 말문을 열고, 마음속 이야기를 꺼낼 용기도 생깁니다. 그리고 아이가 스스로 의견을 말했을 때는 그 용기를 따뜻하게 칭찬해 주어, 말하는 경험을 긍정적으로 기억하도록 돕는 것이 좋습니다. 부모의 따뜻한 반응이 아이에게는 가장 든든한 안전망입니다.

💬 아이에게 이렇게 말하면 상처가 됩니다

- 아무거나 좋으니까 네 의견 좀 말해봐.
- 도대체 무슨 생각을 하는 거니?

💬 아이에게 이렇게 말하면 마음이 열립니다

- 혹시 의견이 있으면 언제든지 말해 줘.
- 정답은 한 가지만 있는 게 아니야.

💬 아이의 마음을 움직이는 부모의 태도

- 아이가 말할 준비가 되지 않았을 때는 압박하지 않고 기다려 준다.
- 아이의 생각을 있는 그대로 받아들이고 존중한다.
- 자기 의견을 말했을 때는 따뜻하게 칭찬해 주어 말하는 경험을 긍정적
  으로 인식하도록 돕는다.

늘 주변 분위기에 휘둘려요

서연이는 언제나 조용하고 얌전한 아이입니다. 교실 어디에 있어도 눈에 띄지 않고, 누군가와 부딪히는 일도 거의 없습니다.

친구들이 어떤 활동을 제안해도 "나는 별로야."라는 말을 선뜻 하지 못합니다. 관심이 없는 일이라도 누군가가 권유하면 거절하지 못하고, 상황에 이끌리듯 따라가는 날이 많습니다. 특히 학급에서 주도적인 역할을 하는 친구가 말하면, 서연이는 상대의 의견에 자연스럽게 맞춰 버립니다.

쉬는 시간에도 서연이는 먼저 친구들에게 다가가기보다 누가 말을 걸어주면 그제야 조심스레 반응합니다. 겉으로는 큰 문제가 없어 보이지만, 자기 의견을 말하지 못한 채 타인에게 끌려다니는 서연이의 모습은 부모와 선생님 모두에게 은근한 걱정으로 남아 있습니다. 아이가 스스로 선택하고 싶은 마음은 있지만, 표현하는 용기가 따라주지 않는 듯 보입니다.

성격의 장점을 찾아 칭찬하며 자기 신뢰를 키우자

서연이처럼 자기만의 기준을 세우지 못하고 스스로를 드러내기 어려워하는 아이들은 의외로 많습니다. 제가 상담을 하는 아이들 중에도 어떤 질문을 해도 "음⋯⋯." 하고 작은 소리로만 반응하며 끝내 말을 이어가지 못하는 아이들이 있습니다. 저 역시 그 아이와 마주 앉아 같은 말로 답할 수밖에 없었지요. 그러다 조심스레 묻곤 합니다.

"여기는 왜 온 거야?"

"부모님이 데려와서요."

"왜 부모님이 시키는 대로 행동해야 한다고 생각해?"

"…음."

이런 짧은 대화라도 아이에게는 자기 안을 들여다보는 계기가 됩니다. 대답이 없더라도 아이가 스스로 생각하기 시작했다면 이미 중요한 첫걸음을 내디딘 것입니다. 저는 부모에게 이렇게 설명합니다.

"아이가 스스로 오고 싶어 하지 않으면 상담의 효과는 제한

적일 수 있습니다."

또 부모가 지나치게 개입하면 아이가 자립심을 갖기 어렵다는 점도 함께 알아두셔야 합니다. 필요한 만큼만 도와주고, 아이가 스스로 선택해 볼 시간을 넉넉히 주는 것이 좋습니다.

이처럼 자기표현이 어려운 아이들 뒤에는 종종 권위적인 양육 태도가 자리합니다. 따라서 부모가 필요 이상으로 개입하고 간섭해 온 것은 아닌지, 자신의 말과 행동을 되돌아볼 필요가 있습니다. 아이는 자존감이 낮고 자신감이 부족하기 때문에 "내 생각을 말해도 아무도 듣지 않겠지.", "혹시 틀리면 어떡하지.", "미움받고 싶지 않아."라는 생각을 하면서 쉽게 주변 사람들의 의견에 끌려갑니다. 이럴 때는 아이의 인성을 따뜻하게 인정해 주는 말이 큰 힘이 됩니다.

"너는 참 배려심이 있구나."

"솔직해서 좋다."

"포기하지 않는 근성이 있네."

이런 말들은 아이 안에 자리 잡은 부정적인 자기 이미지를 조금씩 바꿔 줍니다.

아이의 인성을 꾸준히 칭찬해 주면, 아이는 스스로를 긍정적으로 바라보기 시작하고 자기 생각을 말할 용기 또한 조금씩 생겨납니다.

또한 "좋아해.", "사랑해.", "널 믿는다." 같은 애정 표현과 스킨십은 아이에게 깊은 안정감을 주고, 그 안정감이 자신감의 바탕이 됩니다. 아이가 스스로를 믿기 시작하면 새로운 시도도 훨씬 수월해집니다.

"이제는 네 감정을 차분하고 분명하게 말해 보자. 다른 사람에게 말하기 어렵다면 우선 노트에 적어보는 것부터 시작해볼까?"

아이가 자기 생각을 말하는 데 어려움을 느낀다면, 비교적 쉬운 단계부터 차근차근 이끌어주는 것이 효과적입니다. 아이에게 중요한 것은 큰 변화가 아니라, 자기감정을 안전하게 표현해보는 작은 경험입니다. 그런 시도들이 언제든 자기 의견을 말할 수 있다는 믿음을 키워줄 것입니다.

 ## 아이에게 이렇게 말하면 상처가 됩니다

- 왜 항상 친구가 하자는 대로만 하는 거야?
- 싫으면 싫다고 말하는 게 어려워?

 ## 아이에게 이렇게 말하면 마음이 열립니다

- 너는 정말 배려심이 많구나.
- 말하기 어려우면 네 마음을 노트에 써 보는 건 어때?

 ## 아이의 마음을 움직이는 부모의 태도

- 아이가 자립심을 가질 수 있도록 지나치게 간섭하지 않는다.
- 아이의 인성을 꾸준히 칭찬해 스스로를 긍정적으로 바라볼 수 있게 돕는다.
- 아이가 자기 생각을 표현하는 것을 어려워하면 낮은 단계에서부터 차근차근 이끌어 준다.

코치의 한 줄 통찰: 진짜 행복은 아이의 성취보다 '함께 웃는 순간'에 있다

1. 부모에게 건네는 마지막 질문

지금까지 우리는 부모님이 가진 불안과 고민에 답하는 형태로, 아이의 의욕을 어떻게 끌어낼 수 있는지 다양한 사례와 원리를 통해 살펴보았습니다. 하지만 모든 이야기를 마무리하는 지금, 저는 부모님께 꼭 한 가지 질문을 드리고 싶습니다.

"당신은 아이를 행복하게 하는 부모인가요?"

이 질문은 부모의 부족함을 지적하기 위한 것이 아닙니다. 오히려 부모라는 자리에서 흔들리고, 날마다 더 나은 선택을 고민하는 그 마음을 이해하기에, 더 근본적인 지점을 함께 생각해 보고자 하는 것입니다.

아이의 성취를 돕기 위해 부모는 수많은 역할을 떠안고, 때로는 자신을 희생하면서까지 노력합니다. 그런데 그 과정이 아이에게 진정으로 행복을 만들어 주고 있는가, 아니면 자신도 모르는 사이에 아이를 조급하게 만들고 있는가—그 지점에서 질문이 시작됩니다.

2. 부모의 말과 행동이 아이에게 스며드는 방식

부모가 아이에게 주는 영향력은 생각보다 훨씬 큽니다.

"아이는 부모를 비추는 거울이다."라는 말이 괜히 생긴 표현이 아니지요. 부모의 감정, 말투, 신념, 삶을 바라보는 태도는 아이에게 은근하게, 그러나 지속적으로 배어들어 갑니다.

뇌과학에서도 이를 명확히 설명합니다. 인간의 뇌에는 '거울 뉴런'이

라는 흉내 세포가 존재해, 아이는 옆에서 가장 많은 시간을 보내는 부모의 행동 양식을 자연스럽게 모방하며 자랍니다. 그래서 아이가 보이는 어떤 행동이나 말투, 심지어 스트레스를 다루는 방식도 부모에게서 배운 것일 확률이 높습니다.

부모가 삶을 힘겹게 여긴다면 아이도 세상을 어렵게 느끼고, 부모가 늘 불안에 휩싸여 있다면 아이 역시 작은 실패에도 크게 흔들리게 됩니다. 반대로 부모가 삶을 다정하게 바라보고 실수를 자연스럽게 받아들이는 모습을 보인다면, 아이도 비슷한 마음을 갖게 되지요.

3. 부모의 기대가 아이에게 가하는 보이지 않는 압력

제가 만나는 부모님 중에는, 아이가 잘되기를 바라는 마음에서 자신의 성공 방식을 그대로 아이에게 옮겨 심으려는 분들이 적지 않습니다. 어떤 부모는 자신이 걸어온 길을 아이도 반복해야 한다고 믿고, 어떤 부모는 본인이 이루지 못한 꿈을 아이가 대신 이루게 하고 싶어 합니다. 처음에는 단순한 바람이었지만, 그것이 점차 의무가 되고, 결국에는 아이의 몸과 마음을 짓누르는 기대가 되기도 합니다.

그 과정에서 아이가 잘 따라오지 못하면 부모는 실망하고, 아이는 자신을 탓하게 됩니다. 심지어 부모의 기대를 충족시켜 주지 못하면 아이는 '사랑받지 못할지도 모른다'는 오해도 할 수 있습니다. 그래서 저는 이런 질문을 조심스럽게 던집니다.

"아이가 없는 미래를 떠올려 본 적 있으신가요?"

"10년, 20년 후, 부모님이 곁에 없을 때 아이는 스스로 살아갈 힘을 가지고 있을까요?"

이 질문은 부모의 양육 방식을 한 번 더 돌아보게 합니다. 아이를 키우는 궁극적 목표는 부모 없이도 자기 인생을 스스로 선택하고 책임질 수 있는 사람으로 성장시키는 것이기 때문입니다. 만약 부모가 지나치게 간섭하고 모든 결정을 대신 내려 준다면, 아이는 선택하는 힘을 잃습니다. 자기 삶의 주인공이 되지 못한 채, 항상 누군가의 지시를 기다리는 사람이 되고 마는 것입니다.

4. 아이의 변화는 부모의 변화에서 시작된다

많은 부모님이 "아이만 좀 바뀌면 좋겠다"고 이야기하지만, 실은 아이의 변화는 부모의 변화와 함께 시작됩니다. 부모의 말투가 조금 부드러워지고, 듣는 태도가 한층 너그러워지고, '해야 한다'는 말 대신 '어떻게 하고 싶니?'라는 질문이 늘어나는 순간부터 아이는 조금씩 자기 마음을 편안히 드러내기 시작합니다.

그래서 다시 한 번 질문을 떠올려 보게 됩니다.

"나는 아이를 행복하게 하는 부모인가?"

혹시 마음속에서 "아직은 자신 없다"고 대답한 분이 있다면, 그것 역시 괜찮습니다. 대부분의 부모는 완전하지 않으며, 완벽해지기를 바랄 필요도 없습니다. 중요한 건 부모가 스스로에게 이렇게 되묻는 마음을 갖고 있다는 사실입니다.

'그렇다면 이제 무엇을 바꿔야 할까?'

'어떻게 하면 아이에게 조금 더 따뜻한 부모가 될 수 있을까?'

이 질문을 스스로에게 던지는 순간부터 부모는 이미 변화의 첫걸음을 내디딘 것입니다.

5. 행복은 성취가 아니라 관계에서 자란다

우리는 아이가 좋은 성과를 내면 기뻐하고, 실패하면 속상해 하며 아이의 미래를 걱정합니다. 그러나 아이가 나중에 기억하는 것은 성적표의 숫자나 상장의 개수가 아니라, 부모와 함께 웃던 순간들입니다.

아이에게 가장 깊이 남는 것은

- 실패했을 때 등을 토닥여 주던 따뜻한 손길,

- 부모가 자신과 함께 울고 웃던 시간들입니다.

바로 그 순간이 자존감을 만드는 힘이며, 실패를 견디는 기초 체력이고, 세상을 향해 다시 걸어갈 용기입니다.

부모가 아이에게 줄 수 있는 최고의 선물은 완벽함이 아니라 관계, 그리고 조건 없는 응원과 안정감입니다.

6. 부모 자신도 사랑받아야 변화가 가능하다

마지막으로, 육아와 교육에 매일같이 분투하고 있는 부모님께 꼭 전하고 싶은 말이 있습니다. 부모가 자신을 미워하고 자책하는 마음으로는 아이에게 온전한 사랑을 건네기 어렵습니다. 아이를 사랑하는 만큼, 부모 스스로도 자신을 온전히 사랑해야 합니다.

부모가 자기 삶을 긍정하고 스스로를 존중할 때, 아이는 그 모습에서 배웁니다. 부모의 마음이 편안해야 아이의 마음도 편안해집니다. 그래서 저는 부모님께 이 말을 드리고 싶습니다.

"내 아이와 나 자신을 있는 그대로 사랑해 주세요. 그 사랑이 아이의 내일을 밝히는 가장 단단한 힘이 됩니다."

맺으며

우리 아이의 의욕은 어디에 있을까요?

그 답은 멀리 있지 않습니다. 전문가나 상담가, 교사보다도 훨씬 가까운 곳, 바로 아이 곁을 늘 지켜봐 온 부모님 마음속에 이미 자리하고 있습니다.

아이를 처음 품에 안았던 순간을 떠올려 보세요. 그리고 처음 웃던 얼굴, 처음 흘리던 눈물, 처음 투정을 부리던 날, 처음 어리광을 부렸던 순간도 떠올려보세요.

수없이 많은 '처음'을 함께 지나온 사람은 누구보다 부모님이었습니다. 아이의 삶이 펼쳐지는 모든 장면을 바로 옆에서 지켜본 사람도 역시 여러분이었지요. 그 사실을 생각하며 한 가지 질문을 해 보고 싶습니다.

"의욕이 없는 아기가 있었던가요?"

아마 없을 것입니다. 전 세계 어느 나라를 둘러보아도, 의욕 없이 태어나는 아기는 없습니다. 아기는 태어나는 순간부터 울음을 터뜨리며, 온몸으로 세상을 받아들이려는 강렬한 생명력과 에너지를 보여 줍니다. 호기심과 탐색, 관심과 감정 표현. 그 모든 것이 의욕의 또 다른 얼굴입니다. 그런데 시간이 지나면서, 아이들은 점점 차분해지고 조심스럽게 변합니다. 무엇이 그 변화를 만들었을까요?

처음에는 무엇이든 만져보고 싶어 하던 아이가, 성장할수록 이유 없이 멈추고, 속으로만 삭이고, 자신을 숨기게 되는 이유는 무엇일까요? 아이들의 모습을 가까이에서 살펴보면, 그 안에는 말하지 못한 마음이 있다는 것을 어렵지 않게 발견하게 됩니다. 하고 싶은 마음은 분명 있지만, 그 마음을 드러냈다가 혼날까 봐 조심하는 아이들. 스스로 선택해 보고 싶지만 부모의 눈치를 먼저 보며 가슴속 말을 삼키는 아이들. 때로는 부모의 기대가 너무 커서, 기대에 미치지 못할까 두려워 스스로 마음의 문을 닫아버린 아이도 있습니다. 저는 이런 아이들을 바라볼 때마다 마음이 아프고, 어떻게 하면 다시 세상 바깥으로 끌어올릴 수 있을지 깊이 고민하게 됩니다.

부모가 너무 앞서서 모든 것을 대신해 주거나, 늘 정답을 제시해 주면 아이는 스스로 판단하고 선택하는 힘을 잃게 됩니다. 반대로 부모가 한발 물러서 존중해 주고, 기다려 주고, 아이의 속도를 인정해 줄 때 아이의 마음은 서서히 다시 열립니다. 의욕은 억지로 만들어지는 것이 아니라, 존중과 신뢰 속에서 다시 깨어나는 것이기 때문입니다.

아이의 마음을 바꾸기 위해 특별한 기술이 필요한 것은 아닙니다. 화려한 교육법이나 전문적인 언어가 필요한 것도 아닙니다. 부모님의 작은 표정, 말투, 기다림, 인정, 그리고 포기하지 않는 사랑이 아이의 마음을 변화시키는 가장 큰 힘입니다.

아이의 의욕 스위치는 부모가 켜 주는 것이 아닙니다. 부모가 스위치를 켤 수 있는 환경을 만들어 줄 때, 아이는 스스로 그 스위치를 누릅니다. 의욕은 강요에서 나오지 않고, 아이 스스로 "해 보고 싶다"는 마음이 들 때 비로소 살아나기 때문입니다.

부모님은 한 가지 사실만 기억하면 됩니다. 아이의 의욕은 사라지는 것이 아니라, 잠시 숨어 있을 뿐이라는 것. 부모의 따뜻한 시선과 기다림 속에서 그 의욕은 언제든 다시 깨어날 수 있습니다.

이 글이, 아이의 마음을 다시 들여다보고 부모 스스로도 변할 수 있는 작은 계기가 되기를 바랍니다. 그리고 무엇보다도, 지치지 않고 함께 옆을 지켜 준 가족과 주변 모든 이들에게 깊은 감사의 마음을 전합니다. 아이와 함께 걸어온 모든 시간이 아이를 성장시키고, 동시에 부모인 여러분도 성장시켜 왔다는 사실을 잊지 마세요.

스즈키 하야토